化学工业出版社"十四五"普通高等教育规划教材

普通高等教育一流本科专业建设成果教材

智能建造概论

ZHINENG JIANZAO GAILUN

申金山　主编

化学工业出版社

·北京·

内 容 简 介

《智能建造概论》简述建筑工业化的形成过程、建筑行业的现状，介绍智能建造的相关理论与技术，从智能施工、数字化交付、智能运维三个角度介绍实际应用。主要内容包括：智能建造概述、智能建造理论体系框架及关键技术、智能规划与设计、装配式构件的智能生产、智能施工相关设备、智能建造智慧管理、数字化交付、智能运维等。

本书适用于工程管理、智能建造、土木工程等土建类专业师生教学使用，也可供相关从业人员学习参考。

图书在版编目（CIP）数据

智能建造概论/申金山主编. —北京：化学工业出版社，2024.8

普通高等教育一流本科专业建设成果教材

ISBN 978-7-122-45674-8

Ⅰ.①智… Ⅱ.①申… Ⅲ.①智能技术-应用-建筑工程-高等学校-教材 Ⅳ.①TU74-39

中国国家版本馆 CIP 数据核字（2024）第 098570 号

责任编辑：刘丽菲
文字编辑：罗 锦
责任校对：李雨晴
装帧设计：刘丽华

出版发行：化学工业出版社
　　　　　（北京市东城区青年湖南街 13 号　邮政编码 100011）
印　　装：河北延风印务有限公司
787mm×1092mm　1/16　印张 13½　字数 296 千字
2024 年 8 月北京第 1 版第 1 次印刷

购书咨询：010-64518888
售后服务：010-64518899
网　　址：http://www.cip.com.cn

凡购买本书，如有缺损质量问题，本社销售中心负责调换。

定　　价：42.00 元　　　　　　　版权所有　违者必究

《智能建造概论》编写团队

主　编：申金山

副主编：杜艳华　陈偲苑　陈偲勤　王晓燕

参　编：许洪春　王全杰　李文军　王　闹　宋金灿

前言

21世纪初，一场以数字化、智能化为核心的科技革命在全球范围内如火如荼地展开，大数据、区块链、5G、人工智能、物联网、云计算、边缘计算等新技术的应用已渗透到各个领域，与实体经济深度融合，赋能传统产业转型升级，催生了新模式、新业态与新产业。在科技的浪潮中，我们见证了工程领域的一场革命。从传统的土木工程，到现代的数字化、网络化、工业化的智能建造，这一转变不仅是技术进步的标志，更是人类社会进步的象征。传统的工程建造方式，虽然历史悠久、技术成熟，但在面对新时代的需求时，已逐渐显露出其局限性。作为传统工程领域的一员，我们深感建筑业建造方式变革之必要与迫切。

2019年，习近平总书记在新年贺词中指出：中国制造、中国创造、中国建造共同发力，继续改变着中国的面貌。2020年9月22日，总书记在第七十五届联合国大会一般性辩论上的讲话中提出，中国将在2030年实现"碳达峰"，2060年实现"碳中和"目标。"双碳"目标的深刻内涵为，一是解决能源（尤其是石油）"卡脖子"问题，调整产业结构，加快实现由高速发展向高质量发展的弯道超车；二是以低碳创新推动可持续发展，实现社会文明形态逐步由工业文明迈入生态文明。2022年，总书记在二十大报告中提出建设现代化产业体系，坚持把发展经济的着力点放在实体经济上，推进新型工业化，加快建设制造强国、质量强国、航天强国、交通强国、网络强国、数字中国。中国的建筑业必须由高速发展转向高质量发展。

智能建造作为一种融合了数字化、网络化、工业化的新型建造方式，正催生出许多新兴产业，也正在深刻地改变着传统的工程建设领域。我们编写这本《智能建造概论》，目的就是让更多的年轻人，特别是相关专业的学生们，能够了解和掌握智能建造的基本概念、技术和应用。我们希望通过这本书，为大家打开一扇通向智能建造的大门，让大家看到未来的无限可能。

本书从智能建造概述入手，深入浅出地介绍了其背景、发展历程、核心技术以及在全球范围内的应用情况。本书详述了智能建造的关键技术和应用领域，例如BIM技术、大数据技术、物联网技术、5G通信技术、数字孪生、云计算、边缘计算、人工智能和机器学习、区块链技术以及3D打印技术等。此外，本书按照工程项目的全寿命周期逐一探讨智能建造在规划设计、预制构件生产、施工建造、交付运维、工程管理等方面的内容。为了帮助读者更好地学习，本书配有在线题库可供读者自测，教师可根据教学情况利用班级工具实现学生管理。

本书是郑州航空工业管理学院国家级一流本科专业建设成果教材，全书共8章，郑州航空工业管理学院申金山教授统领编写书稿大纲，郑州航空工业管理学院王晓燕老师编写第1章，郑州航空工业管理学院杜艳华老师编写第2章、第5章和第8章，郑州航空工业管理学院陈偲勤编写第3章和第6章，郑州航空工业管理学院陈偲苑老师编写第4章和第7章，最后由郑州航空工业管理学院申金山教授统稿和审核。

由于本书编者的水平有限，书中难免有不足之处，欢迎读者多提宝贵意见，深表谢意。

编者

目录

096 | 第 5 章 智能施工相关设备

171 | 第8章　智能运维

第1章
智能建造概述

 学习目标

1. 了解智能建造的背景和国家相关政策文件；
2. 理解智能建造与工业革命的关系；
3. 了解智能科技的种类；
4. 理解智能建造的概念和内涵；
5. 了解智能建造的特征；
6. 理解智能建造的实现路径。

关键词： 智能建造；工业革命；工业化；信息化

目前新一轮科技革命和产业变革的浪潮正席卷全球，世界进入以信息产业为主导的经济发展时期，互联网、大数据、云计算、人工智能等催生出许多新兴产业，同时也驱动传统产业发生深刻变革。在工程建设领域，一种融合了数字化、网络化、工业化的智能建造方式，为土木工程活动注入了新活力，工程建设朝着绿色低碳可持续的建造目标发展，工程活动要素（包括参与主体和人员、施工装备、建筑材料、资金流动等）被重新定义和组织，工程全寿命周期的各项活动包括规划设计、施工建造、交付运维、工程管理等日益显现出精细化和智能化特征。

2019年，习近平总书记在新年贺词中指出：这一年，中国制造、中国创造、中国建造共同发力，继续改变着中国的面貌。2022年，总书记在二十大报告中提出建设现代化产业体系。坚持把发展经济的着力点放在实体经济上，推进新型工业化，加快建设制造强国、质量强国、航天强国、交通强国、网络强国、数字中国。

2020年7月，住房和城乡建设部联合国家发展和改革委员会、科学技术部、工业和信息化部、人力资源和社会保障部、交通运输部、水利部等十三个部门联合印发《关于推动智能建造与建筑工业化协同发展的指导意见》，意见提出：围绕建筑业高质量发展总体目标，以大力发展建筑工业化为载体，以数字化、智能化升级为动力，创新突破相关核心技术，加大智能建造在工程建设各环节应用，形成涵盖科研、设计、生产加工、施工装配、运营等全产业链融合一体的智能建造产业体系，提升工程质量安全、效益和品质，有效拉动内需，培育国民经济新的增长点，实现建筑业转型升级和持续健康发展。

2021年3月，《中华人民共和国国民经济和社会发展第十四个五年规划和2035年远景目标纲要》提出：顺应城市发展新理念新趋势，开展城市现代化试点示范，建设宜居、创新、智慧、绿色、人文、韧性城市。提升城市智慧化水平，推行城市楼宇、公共空间、地下管网等"一张图"数字化管理和城市运行一网统管。科学规划布局城市绿环绿廊绿楔绿道，推进生态修复和功能完善工程，优先发展城市公共交通，建设自行车道、步行道等慢行网络，发展智能建造，推广绿色建材、装配式建筑和钢结构住宅，建设低碳城市。首次从国家层面把智能建造作为推进新型城市建设、全面提升城市品质的重要内容。

2021年8月，住房和城乡建设部印发《智能建造与新型建筑工业化协同发展可复制经验做法清单（第一批）》（以下简称《清单》），列举了各地围绕发展数字设计、推广智能生产、推动智能施工、建设建筑产业互联网平台、研发应用智能建造设备、加强统筹协作和政策支持等6个方面的探索成果，梳理总结了19项举措，全面展示了建筑业在技术进步和技术创新方面的实践和突破。

2022年10月，建设部在全国公布智能建造试点城市名单，将北京市等24个城市列为智能建造试点城市，要求各试点城市高度重视建筑业高质量发展工作，将发展智能建造列入本地区重点工作任务和中长期发展规划；要完整准确全面理解智能建造的概念和内涵，科学制订工作目标和重点任务。可以看出，智能建造正在我国快速推进。

1.1 智能建造的背景

1.1.1 蓬勃发展的智能型新科技

当前，智能型新科技正处在快速发展期，从理论研究到应用实践深刻地改变和影响着诸多领域，各行业的转型升级、产品开发、服务创新迎来了巨大的发展机遇，朝着信息化、数字化和智能化方向发展。建筑业身在其中，必然要顺应这一趋势，积极转变生产方式，将新一代信息技术、先进制造理念和建筑业深度融合，进行集成化创新和协同化应用。这些技术包含了智能感知技术、云计算技术、网络通信技术、共性平台技术等，如：物联网、大数据、云计算、区块链、GIS、数字孪生、BIM、人工智能、3D打印等。

（1）物联网。能够运用信息技术，实时采集任何需要监控、连接、互动的物体的物理、化学、生物、位置等各种需要的信息，与互联网结合形成一个巨大网络，以实现物物、物人、人人等所有物品与网络的连接，进行信息交换、通信和智能处理。

（2）大数据。按照麦肯锡全球研究所给出的定义，大数据是一种规模大到在获取、存储、管理、分析方面大大超出了传统数据库软件工具能力范围的数据集合，具有海量的数据规模、快速的数据流转、多样的数据类型和价值密度低四大特征。

（3）云计算。云计算就是将数据存储在云端，应用和服务也存储在云端，通过网络来利用各个设备的计算能力，从而实现数据中心强大的计算能力，实现用户业务系统的自适应性。

（4）区块链。区块链（blockchain）是一种由多方共同维护，使用密码学保证传输和访问安全，能够实现数据一致存储、难以篡改、防止抵赖的记账技术。

（5）GIS。地理信息系统（geographic information system，GIS）是能实时提供多种空间和动态的地理信息，为地理研究和地理决策服务而建立起来的计算机技术系统。

（6）数字孪生。数字孪生（digital twin）是以数字化的方式建立物理实体的多维、多时空尺度、多学科、多物理量的动态虚拟来仿真和刻画物理实体在真实环境中的属性、行为、规则等。

（7）BIM。建筑信息模型（building information modeling/building information model，BIM），是指在建设工程及设施全寿命周期内，对其物理和功能特性进行数字化表达，并依此进行设计、施工、运营的过程和结果的总称。

（8）人工智能。人工智能（artificial intelligence，AI），能够利用数字计算机或者数字计算机控制的机器模拟延伸和扩展人的智能，感知环境、获取知识并使用知识获得最佳结果的理论、方法、技术及应用系统。

（9）3D 打印。3D 打印技术是一种依照预先由计算机软件设计生成的三维模型，使用特殊耗材打印出三维实体的增材制造技术。

其他还有诸如智能传感器技术、移动互联网 5G（6G）技术、扩展现实技术（包括虚拟现实技术 VR、增强现实技术 AR 和混合现实技术 MR）、建筑机器人技术等。

1.1.2　工程建设产品新形态

智能新科技的发展，使得人类的空间观念发生了巨大变化。作为人类塑造空间的作品，建筑物发展出了一些新型的空间形式，形成了工程建设产品的新形态。主要包括：

（1）新型建筑外观。新型建筑的外观打破了成熟于 20 世纪 20 年代的方盒子样式，在计算机的辅助下生成了一种非线性的不确定形状，表现出连续的复杂性、矛盾性和模糊性，同时，空间的功能朝着综合性、人性化、智能化的方向发展，如大兴机场（图 1-1）、哈尔滨大剧院（图 1-2），这些复杂空间不但对传统的线性建筑秩序形成挑战，也使得传统的设计方法、建筑材料、建造技术、施工组织及项目管理模式不再完全适用。

图 1-1　大兴机场航站楼鸟瞰　　　　　　　图 1-2　哈尔滨大剧院

（2）超高建筑。在目前全球排名前十的最高建筑中，中国占比超过 1/2，最高为上海中心大厦，高度为 632m，是中国第一高，世界第三高，见图 1-3；第二为广州塔，高 600m，见图 1-4。

（3）桥梁工程。在桥梁工程领域，中国桥梁不仅数量最多，而且在跨海大桥、高铁桥、斜拉桥、悬索桥等领域创造了诸多世界之最，如图 1-5 港珠澳跨海大桥为世界最长跨海大桥。

（4）铁路工程。如在高速铁路领域，截至 2022 年年底，我国高速铁路运营里程达
4.2 万公里，超过全球高铁总里程的 2/3，图 1-6 为一段宜万铁路。

图 1-3　上海浦东（最高为上海中心大厦）

图 1-4　广州塔

图 1-5　港珠澳跨海大桥

图 1-6　宜万铁路

（5）未来建筑的发展。技术发展支持工程建造开始做深空深海的探索，如华中科技
大学研究如何在月球上突破极端环境（包括低重力、强辐射、温差大、真空和月震等）
盖房子，其中一个代表性的设计是类似鸡蛋壳的结构，取名为"月壶尊"，如图 1-7；
在马尔代夫度假村，一幢水下别墅 The Muraka 综合运用了海洋地质学、海洋水动力
学、机械设计、材料科学等领域的技术，让人能够体验在海洋里生活，如图 1-8。

图 1-7　月壶尊

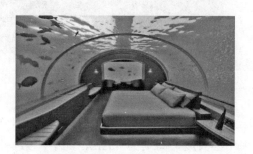

图 1-8　水下别墅 The Muraka

上述工程或是具有超常规的尺度或复杂空间，对传统的线性建筑秩序形成挑战，或

是在超出正常的环境和条件下进行建造，均无法完全采用传统项目的设计方法、建筑材料、建造技术、施工组织及项目管理技术，必须引入智能新科技，打破常规，才能有效地解决超常规项目的复杂问题，完成项目建设目标。

以大兴机场项目为例，它是目前全球最大的机场，被评为"世界新七大奇迹"榜首。其航站楼工程为整个机场的核心工程，鸟瞰图如一只展翅欲飞的凤凰，造型流动而有力量；采用了全新的功能布局和集中式构型规划流，高铁、城际铁路和城市轨道交通穿越航站楼，从办票到值机旅客行走距离不超过 650m，有效缩短了旅客行走距离，同时实现了便捷高效的交通换乘。其设计师扎哈抛弃了欧几里得几何，采用黎曼几何，通过数字模型计算的方法将工程"计算"出来。航站楼独特的建筑造型、巨大的建筑规模、高铁穿越航站楼、高烈度区抗震等，给结构设计带来了巨大挑战，如：C 形柱支撑的自由曲面大跨度钢结构，见图 1-9、图 1-10；超大平面结构的隔震；高铁高速穿越航站楼。同时，工程规模巨大、平面面积超大，结构节点形式复杂多样、屋面钢结构跨度大、落差高，机电系统繁多、协同困难等也给施工带来难题，如图 1-11 和图 1-12。

图 1-9　大兴机场航站楼内部 C 形柱

图 1-10　大兴机场航站楼核心屋盖

图 1-11　大兴机场施工现场图(一)

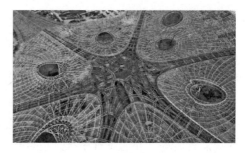

图 1-12　大兴机场施工现场图(二)

北京城建集团有限责任公司是大兴机场航站楼的主要施工单位之一，多名专业人员分析工程特点难点，总结机场建设的施工创新技术和管理创新技术，发表了《从首都机场到北京大兴国际机场看工程建设施工技术发展》《北京大兴国际机场智慧工地集成平台开发与实践》《北京大兴国际机场超大平面航站楼绿色智慧建造》《北京大兴国际机场航站楼工程建造技术创新与应用》等论文。关于大兴机场工程的特点难点，分析总结如下：

（1）轨道穿越航站楼：地下二层为轨道层，高铁、城际铁路、地铁与航站楼无缝衔接，为国内首创；高铁以时速 300km 高速穿越航站楼，引起的震动控制问题属于世界性难题。

（2）结构工程：一层楼面混凝土结构超长超宽，东西向最长为 565m，南北向最宽为 437m，面积达 16 万 m^2；且上部钢结构柱脚对楼面有向外的水平推力，无法设置结构缝，从而形成超大平面无缝混凝土结构，裂缝控制难度大。

（3）隔震工程：由于航站楼下部高铁通过，涉及减震、隔震问题，因此针对中心区采用独有的层间隔震技术，在 ±0.000 楼板下设置 1152 套隔震支座，隔震系统将上下混凝土结构分开，节点处理非常复杂，加大了结构施工难度。

（4）钢结构工程：核心区屋盖钢结构为不规则自由曲面空间钢网格，最大落差达 27m，投影面积达 18 万 m^2，重量达 4 万多 t。庞大的网格结构主要由 8 根 C 形支撑和 12 个支撑筒支撑，中心区域形成直径 180m 的无柱空间，C 形支撑受力大，节点形式复杂，构件单元重达 34t，施工安装难度大。全焊接的节点高空定位控制精度要求高，网格结构空间变形控制难度大。且由于隔震层的存在，C 形支撑、筒柱、幕墙柱不能直接生根到基础上，必须在生根层楼板内采用大量劲性结构转换梁，劲性结构节点复杂，安装难度大。

（5）机电工程：机电系统复杂，功能先进，多达 108 个系统，各类风管、水管近 100 万 m，桥架约 20 万 m，各类电缆、电线约 200 万 m，机房设备超过 5600 台；系统间关联性强，交互点多，空间受限，施工深化难度大。

（6）屋面幕墙工程：屋面幕墙皆为双曲面造型，板块单元形状不规则，深化设计、加工下料难度大；空间曲线、曲面施工控制难度大。

（7）装饰装修工程：核心区屋面大吊顶为连续流畅的不规则双曲面，通过 8 处 C 形柱及 12 处落地柱下卷，与地面相接，形成整体，同时也给装饰施工带来很大挑战。

针对工程的特点难点，大兴机场的施工建设者运用了多种创新技术和方法，保证了机场建设的顺利实施。文中总结了北京大兴国际机场智慧工地全过程信息化管理平台架构，见图 1-13。该平台基于 BIM、物联网、云计算等先进技术，集成可视化安防监控系统、施工环境智能监测系统、劳务实名制管理系统、塔吊防碰撞系统、资料管理系统、OA 平台和 BIM5D 系统等功能，实现项目人、材、机等的数字化管理、施工技术的智能集成等，并通过有序推进项目智慧工地基础设施、项目协同工作平台、项目信息化管理平台等的建设，为项目实现信息化、精细化、智能化管控提供支撑平台。同时，绿色科技贯穿大兴机场工程施工全过程，如施工现场工人生活区、办公区采用了空气源热泵系统进行供冷供暖；现场建立了污水处理站处理生活污水，达到中水标准后用于厕所冲洗、洒水降尘、绿地灌溉；施工现场道路、办公区、生活区等场区均采用太阳能灯具照明；生活区采用太阳能生活热水系统；混凝土垃圾再生利用；应用钢筋自动化加工设备等。

在项目施工各阶段创新应用 BIM 技术：

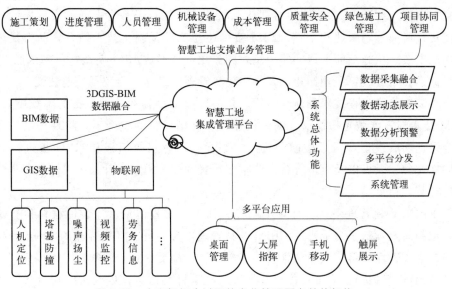

图 1-13 大兴机场全过程信息化管理平台总体架构

（1）施工前期采用 BIM 技术在施工前对现场平面布置进行模拟，保证现场规划井井有条。BIM 技术的辅助使施工临时设施、安全设施等实现了标准化、模块化、工厂预制化加工和功能快速达标，现场利用机械和人工，能够快速拼装、拆移、回收，节省了 30% 的成本。

（2）层间隔震系统施工。本工程为目前世界上最大的单体隔震建筑，共计使用隔震橡胶支座 1044 套、弹性滑板支座 108 套、黏滞阻尼器 144 套。隔震支座的施工精度要求高、难度大，通过建立 BIM 模型，对隔震支座近 20 道工序进行施工模拟优化，确保了隔震支座安装质量，增强了技术交底的三维可视性和程序准确性，提高了现场施工人员对施工节点的形象理解，缩短了技术人员工序交底的时间。

（3）钢结构工程技术创新与应用。航站楼核心屋盖结构为不规则自由曲面空间钢网格，建筑投影面积达 18 万 m^2。由于曲面位形控制精度要求高、下方混凝土结构错层复杂，施工难度极大。集成 BIM 模型、工业级光学三维扫描仪、摄影测量系统等的智能虚拟安装系统，确保了出厂前构件精度满足施工要求。结合物联网、BIM、二维码技术，建立钢构件 BIM 智慧管理平台，构件状态可在 BIM 模型里实时显示查询。在施工过程中，采用三维激光扫描技术与测量机器人相结合，进行数字化测量控制，建立高精度三维工程控制网，严格控制网架拼装、提升、卸载等各阶段位形，确保了最终位形与BIM 模型的吻合。

（4）屋面工程技术创新与应用。在屋面工程部分，4 个月内完成了 18 万 m^2 由 12个构造层组成、安装工序多达 18 道的自由曲面屋面的施工。采用三维激光扫描技术和BIM 技术相结合的方式，通过三维激光扫描仪对 12300 个球节点逐一定位三维坐标，形成全屋面网架的三维点云图，仅 10 天就精确确定了主次檩托的安装位置，如果采用传统的测量方式，至少需要一个月。

（5）机电安装工程技术创新与应用。项目初期，创建各类系统族文件，结合 BIM 模型直接出图。利用 BIM 软件的可视化、联动性等优点，各专业间的设计协同，深度管线优化、碰撞等问题迎刃而解。BIM 技术还与工厂预制化技术结合，助力复杂机房的装配式安装。从施工前形成实体模型，到深化设计形成 BIM 模型，再到依照 BIM 模型进行标准件划分、工厂预制化以及物流信息管理，最终进行现场快速装配。

（6）装饰装修工程技术创新与应用。核心区屋面吊顶为连续流畅的不规则双曲面，在 BIM 技术与三维激光扫描仪、测量机器人等高精设备的组合下，将现场结构实体模型融合设计面层模型，通过碰撞分析与方案优化，对双曲面板和 GRG 板进行分块划分，建立龙骨、面板以及机电等各专业末端布置的施工模型，并根据模型进行下料加工和现场安装。

① EBIM 物料管理平台。针对本工程装饰装修工程体量大、装饰材料种类繁多等特点，定制研发了基于二维码的 EBIM 物料管理平台，可以将轻量化的 Revit 模型导入平台中。为了管理材料，制作包含材料基本信息、位置信息等的唯一二维码标识，通过手机端 APP 进行扫描，即可定位材料位置，显示材料信息，以及进行材料状态实时跟踪，掌握材料的出厂、运输、入库、领料、安装和验收情况。

② 3D 打印技术。通过 3D 打印，实现 BIM 模型的实体化，通过 3D 实体模型对复杂结构的装饰装修节点进行实体分析。利用 3D 打印技术打印的 C 形柱模型和划分好的不规则双曲面吊顶板，在模型上进行预拼装，可在安装前及时发现问题。

③ VR 技术。将 BIM 技术和 VR 体验深度融合，建立 BIM＋VR 互动式操作平台，可以通过互动方式实现在 VR 环境下的方案快速模拟、施工流程模拟，并可直接生成 720°全景文件，无须安装任何专业软件即可查看全景视图。VR 能够让复杂信息的抽离与凝练更加容易，互动交流更加通畅，最终起到实时辅助决策的效果。

（7）运维阶段管理创新。项目在运维阶段将采用基于 BIM 技术的运维平台进行日常的运维管理，实现运维阶段的 BIM 应用，研发基于 BIM 模型的 IBMS 智能楼宇管理平台。集成各子系统信息，集中监控，统一管理，构筑四大管控平台：能效管控软件平台、电梯/扶梯/步道集中管控软件平台、系统/设备全寿命周期统一维护管控软件平台、集中应急报警管控软件平台，存储历史记录，对北京大兴国际机场航站楼进行管理。

1.1.3　建筑业面临的挑战

智能型新技术的应用推动了生产方式的转变，也推动了经济发展方式的转变。对建筑业来说，社会发展对建筑的需求决定了建筑业建造目标，也决定了建筑业的发展方向，就是运用智能型科技去实现工程建设新时代高质量的目标。但是，建筑业的现状是多数企业数字化程度低，传统建造方式仍是主流，要顺应数字化、智能化改革趋势，当务之急，是清楚地认识行业自身的现状。

（1）传统的生产方式、建造方式与创新空间目标的矛盾

建设空间朝着更高、更深、更远、更复杂的方向发展，朝着物理空间与虚拟空间协

同的方向发展，生产方式必须与之相适应。大兴机场项目的设计，如采用传统的 CAD 设计是无法准确画图的，即使画出来，也面临着施工者识图理解上的巨大困难，其复杂的造型、空间、结构和功能只能借助于数字化建模、计算机辅助的手段来完成。在施工时，传统施工技术、组织方式也根本不能完成这样的复杂工程。目前，打破常规空间审美的建筑越来越多，这种标新立异的建筑正成为许多城市的新地标。建筑业不进行智能化装备和技术的更新，不进行生产方式和建造方式的数字化改革，就会在科技爆发的大潮流中落伍，甚至面临被淘汰的风险。

（2）传统的生产方式、建造方式与绿色可持续目标的矛盾

在建筑的全寿命周期中要消耗大量的资源和能源。由联合国环境规划署负责成立的全球建筑建设联盟（GlobalABC）每年都会发布《全球建筑与建筑业状况报告》。2021年 10 月发布的版本指出，2020 年，建筑行业能源消耗占全球总量的 36%，建筑与施工导致的碳排放占全球能源类碳排放总量的 37%。建筑能源需求较 2020 年增加了约 4%，达到 135EJ，创下过去 10 年以来的最大增幅。建筑运营的二氧化碳排放量达到历史新高，约为 100 亿吨，同比增加约 5%。随着我国经济发展进入新常态，国家和政府越来越重视对生态环境的保护，提出了新发展理念，并将生态文明建设纳入了国家"五位一体"总体布局，这也对建筑业的发展提出了新的要求，绿色环保可持续的理念成为建筑业发展的新主题。建筑业迫切需要改变传统的建造方式，通过融合现代的信息技术和生产方法，提高资源利用率，向绿色环保可持续的方向发展。

（3）建筑业盈利能力与建筑业发展的冲突

2013 年以来，建筑业增加值占国内生产总值的比例始终保持在 6.85% 以上，2022年达到 6.89%，见图 1-14。

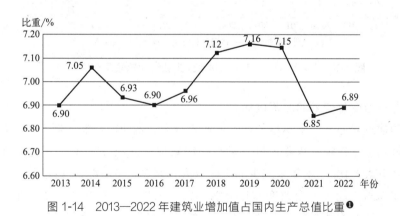

图 1-14　2013—2022 年建筑业增加值占国内生产总值比重❶

2013—2022 年，随着我国建筑业企业生产和经营规模的不断扩大，建筑业企业总产值虽然总体上升，2022 年达到 311979.84 亿元，比上年增长 6.45%。但增速较上年相比有所放缓，降低 4.59 个百分点，见图 1-15。利润总额增长率和产值利润率均连续6 年下降，2022 年，全国建筑行业实现利润 8369 亿元，比上年减少 101.81 亿元，下降

---

❶　数据源自中国建筑协会《2022 年建筑业发展统计分析》。

1.20%，增速比上年降低 1.47 个百分点。建筑业产值利润率（利润总额与总产值之比）自 2014 年达到最高值 3.63%，总体呈下降趋势。2022 年，建筑业产值利润率为 2.68%，比上年降低了 0.21 个百分点，连续六年下降，连续两年低于 3%，见图 1-16。这表明，真正在建筑生产建造过程的投入所带来的价值增长较为缓慢。

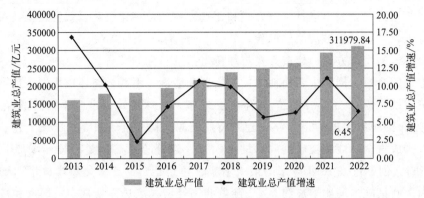

图 1-15　2013—2022 年全国建筑业总产值及增速❶

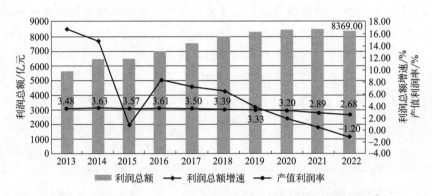

图 1-16　2013—2022 年全国建筑业企业利润总额及产值利润率❶

（4）劳动力变化带来的改革机遇

传统的建筑业是劳动密集型产业，就业容量大、就业门槛低，属于手工作业占比大的行业。近几年，建筑业从业人员数量在持续减少，据统计，2022 年建筑业从业人数为 5184.02 万人，比 2021 年末减少 98.92 万人，减少了 0.31%，已连续四年减少，见图 1-17。未来这一趋势不会改变，且可能加剧。二是施工成果受劳动作业者个人的影响比较大，同样的构件在质量上参差不齐，难以标准化，不符合建筑产品高质量、建筑业高质量发展的要求。三是越来越多的具有复杂环境、复杂工艺、复杂施工过程的项目靠人力无法完成。建筑业要在从业人员减少的情况下提高建筑质量，完成复杂项目，跟上时代发展的步伐，势必要提高信息化、工业化、智能化水平。

---

❶　数据源自中国建筑业协会《2022 年建筑业发展统计分析》。

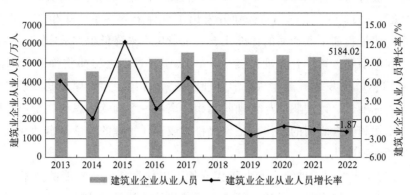

图 1-17　2013—2022 年建筑业从业人数增长情况❶

1.2　工程建造与工业革命

　　智能建造是工程建造发展到现阶段的高阶方式，事实上，工程建造发展的历程，始终跟随着人类科技创新的步伐，尤其与工业革命密切相关。

1.2.1　工业革命

　　工业革命是指 18 世纪 60 年代起在世界范围内的系列生产与科技革命，其精髓是把科学技术逐步与工业生产紧密地结合起来，创造出巨大的生产力，推动生产方式和生产关系发生深刻变革，是人类社会发展的重要驱动。

　　纵观历史，人类经历过三次工业革命，加上当前我们身处其中的这一次，共四次工业革命，如表 1-1 所示。

表 1-1　工 业 革 命

工业革命历程	发生时间	代表性技术	生产组织方式
第一次工业革命	18 世纪 60 年代至 19 世纪中叶	蒸汽机技术	机械化生产代替手工作业
第二次工业革命	19 世纪 70 年代至 20 世纪初	电气化技术	专业化分工，流水线生产方式
第三次工业革命	20 世纪中叶至 21 世纪初	信息控制技术	自动化、精益化生产方式
第四次工业革命	2013 年德国提出工业 4.0 开始	人工智能技术	智能化生产方式

　　第一次工业革命开始于 18 世纪 60 年代，首先发生在英国，1785 年，瓦特制成的改良型蒸汽机在纺织部门投入使用，以蒸汽机的发明为代表，机器生产逐步取代手工劳动，劳动生产效率显著提高，生产力的变革推动了生产组织方式的变革，工厂大量成立。

　　第二次工业革命发生在 19 世纪下半叶至 20 世纪初，以电气化技术的大规模应用为代表。1866 年，德国人西门子制成了发电机，从此发电机取代蒸汽机，成为新的能源；

---

❶　数据源自中国建筑业协会《2022 年建筑业发展统计分析》。

内燃机的发明使得内燃机驱动的火车、飞机、轮船、汽车得到迅速发展，社会生产处于加速发展状态；1913 年，美国福特公司开发出了世界上第一条汽车生产流水线，该流水线以生产工艺过程和工业产品的标准化、大批量生产来降低生产成本，进一步提高了生产效率。在此期间，科学管理理论诞生，1911 年，管理之父弗雷德里克·温斯洛·泰勒（F. W. Taylor）发表其著作《科学管理原理》，提出定额管理制度，系统阐释作业标准化、成本标准化、计划职能与管理职能相分离等一系列管理思想，指出：资方和工人的紧密、亲切和个人之间的合作，是现代科学或责任管理的精髓。泰勒开创了科学生产和科学管理的新时代。

第三次工业革命从 20 世纪四五十年代开始，以信息技术、新能源技术、新材料技术、生物技术、空间技术和海洋技术等诸多领域的信息控制技术应用为代表。1946 年，第一代计算机在美国宾夕法尼亚大学诞生，从此彻底改变了我们处理信息的方式；1969 年，发明互联网，信息传递瞬间完成。在科学、技术和生产的紧密合作下，生产力飞速发展，同时学科越来越多，社会分工越来越细，催生现代企业创新生产和管理方式，1996 年美国詹姆斯·P. 沃麦克和丹尼尔·T. 琼斯出版《精益思想》（*Lean Thinking*）一书，其核心思想是以越来越少的投入——较少的人力、较少的设备、较短的时间和较小的场地创造出尽可能多的价值。

第四次工业革命始于 2013 年，在 2013 年的德国汉诺威工业博览会"工业 4.0"被提出，"第四次工业革命平台"目标是建立一个高度灵活的个性化和数字化的产品与服务的生产模式，被认为为第四次工业革命拉开了帷幕。以人工智能为代表的新一代信息技术越来越多地应用到生产过程中去，带动工业制造向数字化、智能自动化、绿色化方向发展。

1.2.2　工业革命对工程建造的影响

工业革命之前，人类的建造活动从原始的小木屋和洞穴开始，逐步发展到加工树木、石头和土等天然材料，创造出反映不同地域文化特征风格的建筑，如中国以木头为主要材料发展出的梁柱式大屋顶建筑，欧洲以石头为主要材料发展出的希腊柱式、罗马拱券式、哥特尖拱式等建筑。这些建筑的共同特征是：材料取自天然，也有少数加工材料如砖、生铁等的使用，建筑工艺主要依赖手工劳动，由于技术水平相对低下，建筑空间的自由度受限，虽然有教堂这样的大空间建筑，但造价比较高，建造效率比较低。

从工业革命开始，创新技术的应用先发自工业领域，进而推广至其他领域。在工程建造领域，工业革命推动了建筑材料的工业化生产，同时带来工程建造方式的变革，还有工程产品物理形态的改变，如表 1-2 所示。

表 1-2　工业革命与工程建造

工业革命历程	对工程建造的影响	建筑特征	代表性建筑
第一次工业革命	开始工业化生产建筑材料，现场组装	生铁框架结构开始应用，生铁和玻璃大量应用	伦敦水晶宫、巴黎埃菲尔铁塔

续表

工业革命历程	对工程建造的影响	建筑特征	代表性建筑
第二次工业革命	建筑同工业化社会相适应,功能与经济相适应,提出住宅是居住的机器,倡导新结构、新材料、新方法、新美学	普遍以钢和钢筋混凝土为建筑主要结构材料,现代建筑新美学开始	萨伏伊别墅、包豪斯校舍、范斯沃斯住宅等
第三次工业革命	高度的自动化、机械化技术,形成了完整系统的工程建造理论和学科	建筑向高度、长度、跨度上超尺度延伸,高技美学诞生	广州白云宾馆、高速路网等
第四次工业革命	信息化及智能化技术、工业化生产与建造技术相结合,整合起工程建设全产业链	智能建筑、智能公路、智慧城市	我国上海中心大厦、大兴机场、智慧公路、跨海大桥等

　　但工业革命和工程建造变革并不完全同步,工程建造变革往往发生在一场工业革命引发的技术成熟时期。

　　英国在第一次工业革命发生后,工厂大量成立,城市人口开始增多,1750 年的时候,伦敦人口数量为 75 万人,1850 年增加到 275 万人。生产、生活的改变需要城市和空间顺应做出改变。此时,生铁和玻璃被大量生产出来,具备了被大量运用的条件,加上新结构技术、新设备、新施工方法也不断出现,新建筑开始酝酿。代表性的建筑出现在 19 世纪中叶,伦敦水晶宫建于 1851 年,如图 1-18,以钢铁为骨架、玻璃为主要建材,是为第一次世博会准备的建筑;埃菲尔铁塔建于 1887 年,如图 1-19,以钢铁为建材,是为 1889 年巴黎世博会准备的建筑。两座建筑均利用了第一次工业革命的成果——机器生产材料,并采用先预制后拼装的施工方式,完成的效率飞速提高,但空间形式尚未完全脱离传统思维——传统的柱、拱。

图 1-18　伦敦水晶宫

图 1-19　巴黎埃菲尔铁塔

　　第二次工业革命的电气技术推动生产迅速发展,使英国进入城市化的加速阶段,之后人口不断向城市聚集,英国城市化率在 1901 年达到 77%,推动了建筑和城市空间的变革。建筑师把 19 世纪以来的新材料、新技术加以完善并推广,钢和钢筋混凝土材料的应用也日益频繁,建筑师从飞机、火车、汽车、轮船中获得灵感,把工程师的创造和发明迁移到建筑创作的理念中,如当时的法国建筑师柯布西耶提出"建筑是居住的机器",德国建筑师格罗皮乌斯提出"建筑工业化,大大推动建筑创造新功能、新形式、新方法"，由此，造型简洁、施工效率高、造价便宜的方盒子式建筑开始登上建筑历史的舞台，代表性的建筑出现在 20 世纪的前半叶，如包豪斯校舍建成于 1926 年，如图 1-20；萨伏伊别墅建成于 1931 年，如图 1-21；范斯沃斯住宅建成于 1951 年，如图 1-22。由此，建筑不仅直接利用了工业革命的成果，还吸收了工业生产的精髓理念，更从空间形式上重构了建筑，由传统的地域建筑变为国际式方盒子建筑，城市面貌开始焕然一新。

图 1-20　包豪斯校舍

图 1-21　萨伏伊别墅

图 1-22　范斯沃斯住宅

　　第三次工业革命发生在 20 世纪中叶，电子技术和计算机、核物理和原子能、人造卫星与宇宙飞船等尖端技术日新月异，强烈地刺激着建筑师的建筑城市和建筑观念，同时战后重建带来建筑业的兴旺，又带动了材料工业、建筑设备工业、建筑机械工业和建筑运输工业的突飞猛进。建筑和技术的联动关系越来越紧密，技术为建筑发展提供手段，建筑为技术发展提供空间，高技美学的建筑开始崭露头角，摩天大楼、高速公路等复杂工程是这场工业革命在建筑领域的卓越成果。随着改革开放，我国也兴建了一大批高层建筑、高速公路，如图 1-23 广州白云宾馆是我国当时第一高楼、图 1-24 京津塘高速公路是我国第一条高速公路。

　　第四次工业革命始于 2013 年德国汉诺威工业博览会上提出的工业 4.0，旨在通过充分利用信息通信技术和网络空间虚拟系统——信息物理系统（cyber-physical system）

图 1-23　广州白云宾馆

图 1-24　京津塘高速公路

相结合的手段，将制造业向智能化转型。主要分为三大主题：一是智能工厂，二是智能生产，三是智能物流。

　　近些年，建筑领域开始提出智能建造，衔接智能制造，在工程建造领域实现两化融合。建筑的智能化水平随着智能技术的发展与时俱进，成果丰硕。见图 1-1～图 1-6。

1.3　智能建造的概念

　　智能新科技在建筑领域催生出了许多新概念，智能建造是其中之一，也有人称为智慧建造、数字建造，业内许多专家和学者深入思考和研究了其概念和内涵，有代表性的有：

丁烈云院士：智能建造是新一代信息技术与工程建造融合形成的工程建造创新模式，即利用以"三化"（数字化、网络化和智能化）和"三算"（算据、算力、算法）为特征的新一代信息技术，在实现工程建造要素资源数字化的基础上，通过规范化建模、网络化交互、可视化认知、高性能计算以及智能化决策支持，实现数字链驱动下的工程立项策划、规划设计、施（加）工生产、运维服务一体化集成与高效率协同，不断拓展工程建造价值链、改造产业结构形态，向用户交付以人为本、绿色可持续的智能化工程产品与服务。

清华大学马智亮教授：智慧建造是基于智能及其相关技术从城市和建筑向工业化建造过程的延伸，在建造过程中充分利用智能技术及其相关技术，通过建立和应用智能化系统，提高建造过程智能化水平，减少对人的依赖，实现安全建造，并实现性能价格比更好、质量更优的建筑。

中国工程院钱七虎院士：智能建造有三个方面，第一是全面透彻的感知系统，通过传感器、信息化设备去全面感知；第二是物联网、互联网的全面互联实现感知信息（数据）的高速和实时传输；第三是智慧平台的打造，通过平台对数据进行综合分析、处理、模拟，得出决策，从而及时发布安全预警和处理对策预案，使工程建设的风险更低，施工人员更安全，同时也最大化地节省材料和减少环境破坏。

概括以上学者和专家对智能建造的思考，智能建造有别于传统建造，其内涵包括了：

（1）智能建造的基础是以工程产品物理信息系统为核心的工程一体化的服务平台，通过该平台对工程活动全要素、全过程实施数字化高效协同，涵盖人工、材料、机械、工程活动的部分和整体，涉及工程各有关参与主体，贯穿设计、建造、管理全过程。

（2）智能建造的手段是将现代信息化、工业化的智能技术融入工程建造之中。

（3）智能建造的目标是智能化工程产品和服务。如智能建筑，2015年11月我国正式颁布国家标准《智能建筑设计标准》（GB 50314—2015），将智能建筑定义为："以建筑物为平台，基于对各类智能化信息的综合应用，集架构、系统、应用、管理及优化组合为一体，具有感知、传输、记忆、推理、判断和决策的综合智慧能力，形成以人、建筑、环境互为协调整合体，为人们提供安全、高效、便利及可持续发展功能环境的建筑"。智能建造既是生产方式的变革，也是行业运行逻辑的变革。

1.4　智能建造的特征

智能建造的特征，既要与传统的建筑业建造方式相比，也要与智能制造相比。

1.4.1　与传统建造方式相比较

（1）面向工程建造全寿命周期

在传统的建造方式里，勘察、设计、施工和运维各属于工程建设的不同阶段，建筑业的建造活动被限制在施工阶段，对前期的勘察设计和后期的运维不能发挥作用。智能建造是通过 BIM、互联网、物联网和云计算等建立起以工程产品为核心的物理信息系统，可以将建筑业的能动空间延伸到前期的设计和后期的运维，各阶段工作不再相互割裂。

（2）工程参与主体的高效协同

智能建造通过物理信息系统一体化平台，可以提供信息共享技术，工程各参与主体均可以实时了解项目建造和运行的方方面面，避免信息孤岛，彼此之间也能建立更加紧密的联系，工程参与主体的高效协同带来资源的集约化，优化了资源的利用和节约方式，推进了建筑物的可持续发展。

（3）智能科技深度融合的建造技术

智能建造以智能科技及其相关技术的融合性应用为建造技术赋能，这些技术不是单一的，而是经过了深度而系统的融合，并在项目全寿命周期的各个环节高度集成，既能够对不同参与主体的个性化需求做出智能反应，也能够通过信息技术串联成一个整体，实现灵敏感知、高速传输、精准识别、快速分析、优化决策、自动控制、替代作业等。在提升建造效率的同时，智能建造技术能重塑建筑业产业形态，推动建筑业由劳动密集型的产业转为技术密集型的产业。

（4）可完成物理产品与虚拟产品孪生的绿色、智能产品

如前面内容所述，智能建造所能完成的工程产品更具复杂性和智能性，更加绿色环保，更具有可持续性。且随着物理世界与虚拟世界的融合、数字孪生技术的应用，智能建造完成的不仅是物理产品，同时有孪生态的虚拟产品。

1.4.2　与智能制造相比较

（1）需要首先建立文化认同

一般工业制造过程中用户是不参与的。但与工业制造不同，建造活动首先发起于用户端，且用户端通常不是坐等产品移交使用，而是要全过程参与项目建造，加上其他参与主体，利益交集使得关系非常复杂，文化认同、价值观一致变得非常重要，物理信息系统一体化平台的建立，也首先需要各方有以服务于工程产品为核心的共同价值观，才能打破信息屏障，提高信息的透明度、流动性。

（2）活动的柔性

智能制造批量生产，可以用相同产品满足不同用户需求。智能建造虽然借鉴了智能制造的经验，对越来越多的构件进行工业化批量生产，但产品整体上还是个性化的，需要根据需求变化实时调整管理方式和施工组织模式等，满足每一个个别用户的需求。

（3）建造与产品使用在空间上的一致性

智能制造生产活动和产品使用在空间上是分离的，智能建造生产活动和产品使用在空间上是一致的，部分构件的工业化生产改变不了最终产品的固定性特征。

1.5   智能建造的实现基础

同济大学建筑产业创新发展研究院王广斌在《中国建筑产业数字化转型发展研究报告》中指出：建筑业发展的基本范式，是通过信息化、工业化的深度融合来追求绿色、可持续发展。其中，智能建造是通过大规模定制建造，满足个性化要求的信息化与工业化深度融合的过程。中国建筑科学研究院许杰峰在主题为"智能建造与建筑工业化创新发展"的第七届 BIM 技术国际交流会上表示：以"新城建"对接"新基建"，引领城市转型升级，推进城市现代化，就要加快推动新一代信息技术与建筑工业化技术协同发展，加快打造建筑产业互联网平台，研发自主知识产权的系统性软件与数据平台、集成建造平台。建筑产业互联网需要全过程、全要素、全参与方的重构。对建筑产业链全要素信息进行采集、汇聚和分析，优化建筑行业全要素配置，激发全行业生产力。围绕研发自主知识产权的系统性软件与数据平台、集成建造平台，研发基于 BIM 与物联网的建筑全寿命周期协同管理平台。中建技术中心工程智能化研究所邱奎宁在《智能建造与建筑工业化，推动建筑业高质量发展》主题演讲中表示，数字时代是建筑业加速发展的新机遇，中国建造未来要以"绿色化"为目标，以"智慧化"为技术手段，以"工业化"为生产方式，以工程总承包为实施载体，实现建造过程"节能环保，提高效率，提升品质，保障安全"。

可以看出，专家对于如何实现智能建造，有两个方面的意见是比较一致的：一是通过信息化为建造活动赋能，二是信息化深度融合建筑工业化。其目标是面向决策、设计、生产、施工和运维全过程，实现建筑业全参与方、全要素、全产业链的协同升级。

1.5.1   建筑工业化

（1）建筑工业化的概念与发展历程

建筑工业化是采用现代化机械设备、科学合理的技术手段，以集中的、先进的、大规模的工业化生产方式代替过去分散的、落后的手工业生产方式的建造方式。这一概念最早来源于工业革命，大工业的崛起、城市的发展和技术进步，对建筑业的发展产生了深刻影响。这一概念的提出始于 20 世纪初的欧洲，彼时的欧洲正兴起新建筑运动，主张建造房屋应该像制造机器一样，采用标准构件，实行工厂预制、现场机械装配，从而为建筑转向大工业生产方式奠定了理论基础，在此期间，美国创制了一套能生产较大的标准钢筋混凝土空心预制楼板的机器，并用这套机器制造的标准构件组装房屋，实现了建筑工业化。到 20 世纪 20~30 年代，建筑工业化的理论初步形成，并在一些主要的工业发达国家相继试行。

联合国 1974 年出版《政府逐步实现建筑工业化的政策和措施指引》，对建筑工业化进行了定义：建筑工业化是指按照大工业生产方式改造建筑业，使之逐步从手工业生产转向社会化大生产的过程。它的基本途径是建筑标准化，构配件生产工厂化，施工机械化和组织管理科学化，并逐步采用现代科学技术的新成果，以提高劳动生产率，加快建设速度，降低工程成本，提高工程质量。

1978 年，我国国家建委在会议中提出了建筑工业化的概念，即"用大工业生产方式来建造工业和民用建筑"，并提出"建筑工业化以建筑设计标准化、构件生产工业化、施工机械化以及墙体材料改革为重点"。

1995 年，我国出台《建筑工业化发展纲要》，将建筑工业化定义为"从传统的以手工操作为主的小生产方式逐步向社会化大生产方式过渡，即以技术为先导，采用先进、适用的技术和装备，在建筑标准化的基础上，发展建筑构配件、制品和设备的生产，培育技术服务体系和市场的中介机构，使建筑业生产、经营活动逐步走上专业化、社会化道路"。其目的是"确保各类建筑最终产品特别是住宅建筑的质量和功能，优化产业结构、改善劳动条件、大幅度提高劳动生产率""促进建筑工业化发展进程使建筑业尽快走上质量效益型道路，发展成为国民经济的支柱产业"。其基本内容是"采用先进、适用的技术、工艺和装备，科学合理地组织施工，发展施工专业化，提高机械化水平，减少繁重、复杂的手工劳动和湿作业；发展建筑构配件、制品、设备生产并形成适度的规模经营，为建筑市场提供各类建筑使用的系列化的通用建筑构配件和制品；制定统一的建筑模数和重要的基础标准（模数协调、公差与配合、合理建筑参数、连接等），合理解决标准化和多样化的关系，建立和完善产品标准、工艺标准、企业管理标准、工法等，不断提高建筑标准化水平；采用现代管理方法和手段，优化资源配置，实行科学的组织和管理，培育和发展技术市场和信息管理系统，适应发展社会主义市场经济的需要"。这个说法一直被业界认定为我国"建筑工业化"最科学合理的定义。不过这一时期的建筑工业化并没有来得及大发展，直到 2010 年后建筑工业化的说法才再度被提起。

2020 年 7 月，住房和城乡建设部联合多部门联合印发《关于推动智能建造与建筑工业化协同发展的指导意见》，把加快建筑工业化升级作为第一重点任务。

2020 年 8 月，住房和城乡建设部等多部门印发《关于加快新型建筑工业化发展的若干意见》，指出新型建筑工业化是通过新一代信息技术驱动，以工程全寿命期系统化集成设计、精益化生产施工为主要手段，整合工程全产业链、价值链和创新链，实现工程建设高效益、高质量、低消耗、低排放的建筑工业化。并提出加强系统化集成设计、优化构件和部品部件生产、推广精益化施工、加快信息技术融合发展、创新组织管理模式、强化科技支撑、加快专业人才培育、开展新型建筑工业化项目评价及加大政策扶持力度等九个方面的意见。

（2）装配式建筑的概念与发展历程

装配式建筑是指建筑的部分或全部构件在构件预制工厂生产完成，然后通过相应的运输方式运到施工现场，采用可靠的安装方式和安装机械将构件组装起来，成为具备使用功能的建筑物。装配式建筑是我国推进供给侧结构性改革的重要举措，有利于节约资源能源、减少施工污染、提升施工效率和提高质量安全水平，是推动绿色建造、工业化建造和信息化建造的关键技术。

2016 年 9 月，国务院办公厅印发《关于大力发展装配式建筑的指导意见》，提出按照适用、经济、安全、绿色、美观的要求，推动建造方式创新，大力发展装配式混凝土建筑和钢结构建筑，在具备条件的地方倡导发展现代木结构建筑，不断提高装配式建筑在新建建筑中的比例。坚持标准化设计、工厂化生产、装配化施工、一体化装修、信息化管理、智能化应用，提高技术水平和工程质量，促进建筑产业转型升级；以京津冀、长三角、珠三角三大城市群为重点推进地区，常住人口超过 300 万的其他城市为积极推进地区，其余城市为鼓励推进地区，因地制宜发展装配式混凝土结构、钢结构和现代木结构等装配式建筑。

2017 年 3 月，住房城乡建设部印发了《"十三五"装配式建筑行动方案》，提出了工作目标，明确了编制发展规划、健全标准体系、完善技术体系、提高设计能力、增强产业配套能力、推行工程总承包、推进建筑全装修、促进绿色发展、提高工程质量安全、培育产业队伍等重点任务，并提出了 5 条保障措施。

2020 年 7 月的《关于推动智能建造与建筑工业化协同发展的指导意见》，提出：加快建筑工业化升级的路径，第一是要大力发展装配式建筑，推动建立以标准部品为基础的专业化、规模化、信息化生产体系。推动智能建造和建筑工业化基础共性技术和关键核心技术研发、转移扩散和商业化应用，加快突破部品部件现代工艺制造、智能控制和优化等一批核心技术。探索适用于智能建造与建筑工业化协同发展的新型组织方式、流程和管理模式。

2020 年 8 月，住房和城乡建设部等部门印发《关于加快新型建筑工业化发展的若干意见》，提出要"推进标准化设计。完善设计选型标准，实施建筑平面、立面、构件和部品部件、接口标准化设计。推广少规格、多组合设计方法，以学校、医院、办公楼、酒店、住宅等为重点，强化设计引领，推广装配式建筑体系""推动构件和部件标准化。编制主要构件尺寸指南，推进型钢和混凝土构件以及预制混凝土墙板、叠合楼板、楼梯等通用部件的工厂化生产，满足标准化设计选型要求，扩大标准化构件和部品部件使用规模，逐步降低构件和部件生产成本""完善集成化建筑部品。编制集成化、模块化建筑部品相关标准图集，提高整体卫浴、集成厨房、整体门窗等建筑部品的产业配套能力，逐步形成标准化、系列化的建筑部品供应体系"。

图 1-25 为 2017—2022 年全国装配式建筑新开工面积。2021 年，全国新开工装配式建筑面积 7.4 亿 m²，较 2020 年增长 18%，占新建建筑面积的比例为 24.5%。2022 年，全国新开工装配式建筑共计 8.1 亿 m²，同比增长 9.5%，占新建建筑面积的比例约为 26.2%。

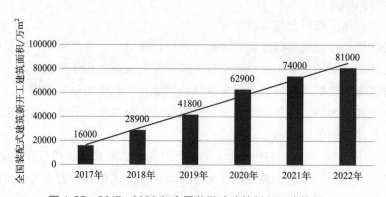

图 1-25   2017—2022 年全国装配式建筑新开工建筑面积

1.5.2　建筑业信息化

建筑业信息化的概念 1975 年在美国被首次提出，但当时受制于技术未能实现。我国在 2003 年由建设部颁布了《2003—2008 年全国建筑业信息化发展规划纲要》，指出我国要运用信息技术实现建筑业跨越式发展。

建筑业信息化是指运用计算机、通信、控制、网络、系统集成和信息安全等技术，改造和提升建筑业技术、生产、管理和服务水平。其核心是建筑信息的数字化，我国建筑信息化发展阶段依次是"手工、自动化、信息化、网络化"，2000 年的 CAD 技术实现了从手工到自动化的革命，2008 年参与"水立方"建设的 BIM 技术开启了我国从自动化到信息化的转变，我国目前处于 BIM 技术的推广应用阶段，新型信息技术加上互联网平台，信息化与网络化同步发展。

1.5.3　智能建造的实现路径

（1）信息化为建造活动赋能

信息化为建造活动赋能，包含了三个方面：

一是对生产要素赋能，首先建筑业的生产要素包括人、材料、机械，要升级成机器人、新型建筑材料、智能化的机械设备、智能终端等，建筑产业链上全要素信息要能够采集、汇聚和分析，优化要素配置。

二是对生产力赋能，即对各阶段的生产工具、生产技术的优化升级，如设计工具升级为数字化设计，能够统筹建筑结构、机电设备、部品部件、装配施工、装饰装修，推行一体化集成设计，应用自主可控的 BIM 技术，构建数字设计基础平台和集成系统，实现设计、工艺、制造协同；生产技术、施工技术、信息管理技术等，要升级为能更好地实现对建筑数据资源利用的技术，减轻工作对人的依赖；部品部件生产数字化、智能化升级，推广应用数字化技术、系统集成技术、智能化装备和建筑机器人，实现少人甚至无人工厂。加快人机智能交互、智能物流管理、增材制造等技术和智能装备的应用。以钢筋制作安装、模具安拆、混凝土浇筑、钢构件下料焊接、隔墙板和集成厨卫加工等工厂生产关键工艺环节为重点，推进工艺流程数字化和建筑机器人应用。以企业资源计划（ERP）平台为基础，进一步推动向生产管理子系统的延伸，实现工厂生产的信息化管理。推动在材料配送、钢筋加工、喷涂、铺贴地砖、安装隔墙板、高空焊接等现场施工环节，加强建筑机器人和智能控制造楼机等一体化施工设备的应用。

三是对生产关系的赋能，即对工程建造活动各参与主体之间管理活动的优化，管理者要跳脱传统的管理思维，武装上智能化的管理思维，探索适用于智能建造与建筑工业化协同发展的新型组织方式、流程和管理模式，如推动全产业链协同。推行新型建筑工业化项目建筑师负责制，鼓励设计单位提供全过程咨询服务。优化项目前期技术策划方案，统筹规划设计、构件和部品部件生产运输、施工安装和运营维护管理。引导建设单位和工程总承包单位以建筑最终产品和综合效益为目标，推进产业链上下游资源共享、系统集成和联动发展。发挥新型建筑工业化系统集成综合优势。加快培育具有智能建造系统解决方案能力的工程总承包企业，统筹建造活动全产业链，推动企业以多种形式紧密合作、协同创新，逐步形成以工程总承包企业为核心、相关领先企业深度参与的开放型产业体系。鼓励企业建立工程总承包项目多方协同智能建造工作平台，强化智能建造上下游协同工作，形成涵盖设计、生产、施工、技术服务的产业链。最终实现建筑产品的智能化。

（2）信息化深度融合建筑工业化

工业化和信息化是我国建筑业发展的两个阶段，从时间上看，我国提出建筑工业化的时间早于建筑信息化。装配式建筑近几年发展很快，但是占新建建筑面积的比例仍然不高。我国信息化基础设施建设已逐渐完善，信息化发展也处于一个较高水平，但信息化在建筑行业中的应用仍然没有达到一定的深度，与建筑工业化的融合发展更是处于探索阶段。但是二者融合发展、深度协同的优势已成为越来越多业内人士的共识。建筑信息化与建筑工业化的深度融合将会是推动建筑业变革，实现中国建造高质量发展的关键。

建筑工业化拉动建筑信息化。建筑工业化需要建筑全要素和全过程信息的集成、共享和协同，对信息的感知、识别、采集、分析、处理、决策等信息技术提出了更高的要求，从而拉动了信息化技术的提升。

建筑信息化促进建筑工业化的发展。信息化的高技术性和高智能性，将成为建筑工业化生产除人材机之外的第四大生产要素，要建立相关的标准和规范。建立在标准化技术方法和系统化流程的基础上的信息化，才可以大幅度提高建筑构配件的生产加工精度，确保实现自动化、集成化和智能化建造，同时实现建筑生产的全过程管理，从而大幅度提高建筑工业化的生产水平和生产效率。

（3）培训和教育

智能建造需要懂得智能建造技术、经济、管理等的各类人才，智能建造的普及和应用，需要对从业人员进行培训和教育，使他们掌握相关的技术和知识，并适应智能建造的工作方式。

 思考题

1. 请简述智能建造的背景。
2. 请列举国家关于智能建造的相关政策文件。
3. 如何理解智能建造与工业革命的关系？
4. 如何理解智能建造的概念和特征？
5. 查阅相关资料，你认为如何实现智能建造？

 参考文献

[1] 罗小未. 外国近现代建筑史 [M]. 2 版. 北京：中国建筑工业出版社，2014.

[2] 中国建筑业协会. 2022 年建筑业发展统计分析 [EB/OL]. （2023-03-02）[2024-01-26]. https：//mp. weixin. qq. com/s?_biz=MzUyNjM4NzkzOQ==&mid=2247492237&idx=1&sn=22f76d86f4ae8a48cd12119fbae5aee1&chksm=

fa0d3d01cd7ab4177870e61d6106c80ef44525460f7912a8c47454e1f605b63ea9618733dbe7&token = 1510805341&lang = zh _ CN♯rd.

[3]　中国信息通信研究院. 数字建筑发展白皮书：2022 年［EB/OL］.（2022-03-30）［2021-01-26］. http://www. caict. ac. cn/kxyj/qwfb/bps/202203/t20220330_398996. htm.

[4]　张晋勖，李建华，段先军，等. 从首都机场到北京大兴国际机场看工程建造施工技术发展［J］. 施工技术，2021，50（13）：27-33.

[5]　雷素素，李建华，段先军，等. 北京大兴国际机场超大平面航站楼绿色智慧建造［J］. 施工技术，2019，48（20）：120-124.

[6]　雷素素，李建华，段先军，等. 北京大兴国际机场智慧工地集成平台开发与实践［J］. 施工技术，2019，48（14）：26-29.

[7]　张晋勖，段先军，李建华，等. 北京大兴国际机场航站楼工程建造技术创新与应用［J］. 创新世界周刊，2021（09）：14-23.

[8]　刘文峰，廖维张，胡昌斌. 智能建造概论［M］. 北京：北京大学出版社，2020.

[9]　尤志嘉，吴琛，郑莲琼. 智能建造概论［M］. 北京：中国建材工业出版社，2021.

[10]　杜修力，刘占省，赵研，等. 智能建造概论［M］. 北京：中国建筑工业出版社，2021.

[11]　毛超，刘贵文. 智慧建造概论［M］. 重庆：重庆大学出版社，2021.

[12]　王宇航，罗晓蓉，霍天昭，等. 智慧建造概论［M］. 北京：机械工业出版社，2021.

第 2 章
智能建造理论体系框架及关键技术

 学习目标

1. 掌握智能建造的理论体系框架和关键技术；
2. 深入理解 BIM、大数据、物联网、移动通信、数字孪生、云计算、边缘计算、人工智能和机器学习等关键技术在智能建造中的应用和实践；
3. 了解各关键技术在全寿命周期中的作用，以及它们之间的逻辑关系；
4. 培养创新思维和实践能力，提高在智能建造领域的综合素质。

关键词： BIM；大数据；物联网；数字孪生；云计算；人工智能和机器学习

2.1　智能建造理论体系框架

2.1.1　智能建造关键技术逻辑关系

随着建筑产业新型工业化发展，装配式建筑项目进入了全面发展时期，其通过设计先行和全系统、全过程的设计控制，统筹考虑技术的协同性、管理的系统性、资源的匹配性。装配式建筑项目智能管理的主要支撑技术为 BIM、大数据、物联网、云计算及边缘计算、5G、人工智能和机器学习、系统协同平台等技术。装配式建造智能化所需的各项技术的逻辑关系如图 2-1 所示。目前，装配式建筑的智能化建造及管理以 BIM 为平台，关联提供数据的 3D 扫描、无人机、物联网（IOT）等技术，这些技术提供的数据经过数据挖掘、机器学习（ML）进行数据训练和人工智能（AI）进行数据分析之后为 BIM 平台提供所需的优化数据，同时优化的数据可以关联机器人和可穿戴设备，并借助 5G 通信技术关联到 BIM 平台的数字孪生系统，通过数字孪生为 BIM 平台提供决策数据，BIM 平台把 BIM 信息与其他技术提供的信息综合之后为 VR/AR、机器人提供数字模型实现装配式建筑的智能化建造及智能化管理。

2.1.2　基于全寿命周期的智能建造框架体系

从项目的全寿命周期看，广义的智能建造是基于项目全寿命周期的建造模式，是包括项目立项、决策、设计、施工、运维和拆除在内的智能建造。智能建造体系环境外部

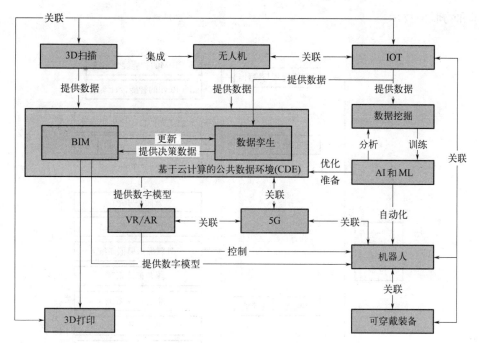

图 2-1　新技术之间的逻辑关系

因素包含经济、政治、法律、人文、技术和自然环境等，这些外部因素作用于项目的全寿命周期中，约束整个结构体系，给项目带来重大的影响。智能建造体系环境是把双刃剑，既会产生有利的影响，也会产生不利的影响，对项目建设起决定性作用。本书把基于 BIM 的智能建造结构体系分为智能规划与设计、智能生产与运输、智能施工及管理、智能运维等四个阶段，每一阶段分别由不同的子系统构成。基于全寿命周期的智能建造体系如图 2-2 所示。

2.1.3　智能建造管理平台技术架构

智能建造管理平台共分为 5 层（见图 2-3），从下至上依次为：

（1）感知层。感知层主要通过传感器、身份标识、北斗技术、视频监控、光学测量等技术感知现场工程动态。

（2）网络层。网络层主要通过有线网、VPN、4G/5G、超级 Wi-Fi、蓝牙等技术实现感知网络的接入和汇集。

（3）设施层/云平台。设施层/云平台主要为云计算、云存储、负荷均衡、网络安全、监控运维等技术。

（4）基础服务层。基础服务层主要包括统一的基础编码、搜索引擎、GIS、BIM 等平台性的服务。

（5）应用层。我国的 BIM 技术应用刚刚起步，起点较低，但发展速度快，国内大多数大型建筑企业都有非常强烈的应用 BIM 提升生产效率的意识，并逐渐在一些项目上开展了试点应用，如 BIM 与 GIS 集成技术、BIM 与 VR 集成技术、BIM 与 3D 打印技术和物联网技术。

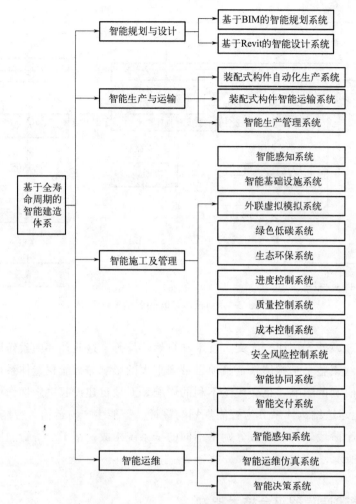

图 2-2　基于全寿命周期的智能建造体系

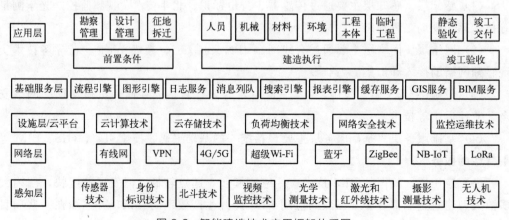

图 2-3　智能建造技术应用框架体系图

2.2　关键技术

2.2.1　BIM 技术

2.2.1.1　定义

BIM（building information modeling），即建筑信息模型，是由美国的 Chuck Eastman 教授提出的"建筑描述系统"的概念——将工程项目的设计方案、施工进度、成本、运营维护等全部信息集成整合到三维数字模型中，形成完整的系统发展而来的。

国际标准组织设施信息委员会（Facilities Information Council，FIC）对 BIM 的定义：在开放的工业标准下对设施的物理和功能特性及其相关的项目寿命周期信息的可计算或者可运算的形式表现，从而为决策提供支持，以便更好地实现项目的价值。

美国国家 BIM 标准（NBIMS）对 BIM 的定义由三部分组成：①BIM 是建设工程的物理和功能特性的数字表达；②BIM 是共享的知识资源，项目参与方可以通过 BIM 建设共享项目的信息资源，为建设项目全寿命周期中的所有决策提供可靠依据；③在项目的不同阶段，各利益相关方通过在 BIM 模型中插入、提取、更新和修改信息，实现基于 BIM 平台的协同作业。BIM 技术能够动态监测施工危险源，模拟优化施工方案，有望解决装配式混凝土建筑的施工安全管理难题。

美国 McGraw Hill 公司对 BIM 技术的定义：BIM 技术是对建筑项目数字模型的创建和使用，是施工和运营管理的有效方法。

住房和城乡建设部工程质量安全监管司对 BIM 的定义：BIM 技术是一种基于数据的工具，应用于工程设计和施工管理。它通过参数模型整合有关各个项目的相关信息，并用于项目计划和运营中，在项目设计、建设、运行和维护的整个寿命周期中共享和传输，使建筑信息模型在整个过程中为总承包商、设计团队、施工单位等的参与方进行协调合作提供信息平台与工作依据，通过此技术可大大提高建筑建设效率，缩短工期与成本，为建筑行业的发展提供巨大助力。

我国《建筑信息模型应用统一标准》（GB/T 51212—2016）对 BIM 的定义：在建设工程及设施全生命期内，对其物理和功能特性进行数字化表达，并依此设计、施工、运营的过程和结果的总称。

BIM 通过数字信息仿真模拟建筑物具备的真实信息，这里的信息不仅是三维几何形状信息，还包含了大量的非几何信息，如建筑构件的材料、重量、价格和进度等。BIM 是一个综合利用 3D 建模和 3D 计算技术，在设计和施工阶段建立起的 4D 关联数据库，该数据库包含了设计意图、项目资料、施工信息及设计管理数据等方面的信息。

BIM 技术并不仅仅是将建筑信息进行集合，利用 BIM 技术生成的建筑物的虚拟建筑模型，包含了建筑物从规划设计到施工、运营管理及拆除等全寿命周期各个阶段的所有信息，构成了一个大型的综合信息数据库；BIM 技术进一步将这些信息进行开发利用，实现设计、施工、保养等全寿命周期的管理手段。

BIM 技术在智能化管理支撑技术中的重要性如图 2-4。

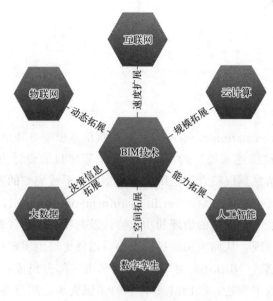

图 2-4 基于 BIM 的智能建造技术集成

2.2.1.2 BIM 技术的特点

BIM 技术可以将建设项目各阶段的建造信息汇总于 BIM 信息模型中，为项目各参建单位提供一个不同专业、不同阶段协同工作的信息平台。其主要具有以下特点。

（1）可视化。传统的施工图纸通过二维线条来描述施工信息，BIM 技术提供了可视化思路，在 BIM 信息模型中可以直观地看到三维立体实物图形，构件之间形成了互动性的可视，建筑物的外观及细部信息等一目了然，可以用来对项目完工后的效果进行展示。同时，在项目各阶段参建单位均在可视化的状态下进行沟通、讨论，使得决策更具有科学性。

（2）协同性。设计阶段，传统的方式缺少信息交流平台，各专业设计人员不能充分沟通，在施工阶段会出现不同专业之间施工碰撞问题。在 BIM 信息模型中，各专业设计人员可以通过 BIM 信息模型实现不同专业之间的协同设计，在项目施工前期将不同专业设计模型汇总于一个整体中，进行碰撞检查，形成碰撞检查报告，针对发现的设计冲突，不同专业之间及时进行协同解决。

（3）仿真性。BIM 技术不仅可以对已经设计出的建筑物模型仿真，还可以对现实世界中难以进行操作的事项仿真。设计阶段，可以对建筑物的节能、日照、热能传导等性能仿真；施工阶段，可对施工组织设计仿真，发现施工组织中存在的问题，及时进行优化；运营阶段，可以对地震、火灾等突发紧急情况仿真，提前制订应对策略。

（4）优化性。基于 BIM 信息平台，项目各参建单位可以直观看到项目运营效果，及时发现项目建造及管理过程中可能出现的各种问题，不断对项目各阶段出现的问题进行优化。

（5）可出图性。BIM 技术可以生成经过碰撞检查并优化后的建筑设计图纸及构件加工图纸，并且可以将经过模拟、优化后的高质量设计图纸导出，更有针对性地指导施工阶段的工作。

2.2.1.3　BIM 相关软件

　　BIM 是一种数据通信和空间分析工具，用于在建设项目寿命周期中集成数据采集、交换和可视化。BIM 平台以建筑模型为载体，同步建筑模型中所有信息，并简化模型的数据捕获和可视化，从而帮助管理人员和工程师提高设计和施工活动的质量。BIM 的常用软件如图 2-5 所示。下面对国内 BIM 相关软件作简要介绍。

所属公司	软件	主要功能表述	建筑	结构	机电	钢结构	幕墙	装饰装修	三维场布	土方平衡	钢筋管理	模架设计	碰撞检测	3D协同漫游检查	进度管控	4D模拟	综合管理	备注
美国Autodesk	Revit	创建建筑、结构、机电模型	●	●	●			○			○		○					
	Advance Steel	创建钢结构模型				●							●			●	○	
	Navisworks	协同管理											●	●		●	○	
	Civil 3D	规划地形、场地、道路、土方							●	●								
	BIM360 GLUE	漫游检查												●			○	
	BIM360 Field	施工现场管理															○	
美国Bentley	AECOsim	创建建筑模型	●															
	Building	创建结构模型		●														
	Designer	创建机电模型			●													
	ProSteel	创建钢结构模型				●												
	Navigator	协同管理											●	●		●	○	
美国Trimble	Tekla	创建钢结构模型				●								○				
	SketchUp	三维场布、建筑辅助	○											○				
美国Robert McNeel	Rhino	创建建筑、装饰模型	●				●	●						○				
美国Microsoft	Project	项目管理、进度计划管理													●			
美国Primavera System Inc	Primavera 6.0	项目管理、进度计划管理													●			
法国Dassault System	CATIA	创建建筑模型	●											○				
	Digital Project	创建玻璃幕墙模型					●							○				
	DELMIA	4D仿真														●		
	ENOVIA	协同管理															●	
德国RIB集团	iTWO	协同管理、造价												○		?	●	
芬兰Solibri公司(现隶属于德国NEMETSCHEK集团)	Model Checker	模型检测																合规性检测
	Model Viewer	模型浏览																
	IFC Optimizer	IFC优化(模型协同)																参数检查优化
	Issue Locator	审阅																
匈牙利Graphisoft(现隶属于德国NEMETSCHEK集团)	ArchiCAD	创建建筑模型	●					○	○									
荷兰ACT-3D公司	Lumion	三维展示														●		
日本株式会社NYK系统研究所	Rebro	创建机电模型			●								○	○				
中国建筑科学研究院建研科技股份有限公司	PBIMS	创建建筑、结构模型	●	●	○		○						○	○				
	PKPM-BIM综合管理平台	协同管理												○		○	●	
	PKPM三维现场平面图设计	三维场布												○				
盈建科	YJK	结构		●														
迈达斯	MIDAS	结构		●														
飞时达	FastTFT	土方计算								●								
(Progrnan Oy)广联达	MagiCAD	创建机电模型			●								○	○				
	BIM5D	协同管理、造价								●				○		○	●	
	广联达钢筋翻样	钢筋翻样									●							
	广联达模架系统	模架设计										○						
鲁班	鲁班BIM系统	建筑、结构、机电	●	●	●	●							?	○				
	Iban管理平台	协同管理、造价												○			●	
鸿业科技	BIMspace	机电设计			●									○				
上海译筑科技	EBIM平台	协同管理												○			●	
重庆市筑云科技有限责任公司	Fuzor	协同漫游、4D模拟												●		●		
北京达美盛软件股份有限公司	synchro	施工模拟												●		●		
杭州品茗安控信息技术股份有限公司	品茗P-BIM模架系统	模架设计										●						
汇微软件科技有限公司	钢筋翻样算尺	钢筋翻样									●							

　　图例：● 软件在对应的专业领域功能比较完善，可作为首选软件；
　　　　　○ 软件在对应的专业领域功能还有待完善，可作为备选或辅助软件；
　　　　　? 软件在对应的专业领域功能较弱，不建议选择。

图 2-5　常用 BIM 软件及功能解析

（1）中国建筑科学研究院建研科技股份有限公司的 PBIMS、PKPM-BIM 等系列软件。PBIMS 属于基础建模软件，其内嵌了建筑、结构、机电建模模块，但机电模块相对而言功能较弱；而 PKPM-BIM 是一款施工全过程综合管理协同平台软件，也是目前国内拥有自主知识产权，比较有代表性的一款综合协同管理平台。

（2）广联达公司的系列软件，如 MagiCAD、BIM5D 等。MagiCAD 原隶属于芬兰普罗格曼公司，后被广联达收购，主要用于创建机电工程各专业的基础模型，且自带强大的全专业碰撞检测功能。BIM5D 由广联达自主开发，是一款施工过程管理协同平台软件，也是目前市场上较为主流的综合管理协同平台软件。

（3）鲁班系列软件，如 Luban Architecture、Luban MEP、Luban Steelwork、Iban 平台等系列软件。前三款软件分别应用于创建施工阶段的土建、机电、钢结构等基础模型，Iban 平台主要用于施工过程中的协同管理。

（4）鸿业同行科技系列软件，如 BIMspace 等。其主要是为了解决 Revit 上手慢、效率低的问题而开发的，主要用于机电设计方面。在族库管理上，提供本地、客户和服务器端的族库管理。其强大的系统计算及出图标注等功能，基本上遵循现阶段大部分设计院机电设计师的设计习惯。但其缺点是基于 Revit 开发，碰撞检测只能实现两两专业间碰撞检测，如果想实现像 MagiCAD 一样的全专业碰撞，必须借助 Navisworks 等第三方平台实现。

2.2.1.4　BIM 技术的应用

NBIMS-US（2015）指出，BIM 是一种能够从设计、施工、运营和维护的整个寿命周期升级建筑行业的技术。它为建筑构件和设备构件等建立相应的信息模型，并收集与构件对应的信息。针对特定建设项目的 BIM 三维建模可以为利益相关者提供可视化功能，以显示项目及其组件的整体情况。此外，BIM 允许集中存储信息、快速更新和多方访问，通过减少任务冗余来减少文件浪费，从而实现数据库效率。BIM 是一个增强协作、效率和质量的平台。

BIM 在施工现场初始可行性，主要为收集历史场地使用数据以在数字模型中部署分析从而确定场地条件。在设计阶段，数字模型提供直观、可视化的设计表示，方便跨专业的沟通与协作，共同优化版图设计方案，满足实际需求。在招标和采购阶段，添加时间和成本等数据，直观地反映项目经济性和进度计划。在施工前阶段，可以将场地周围的天气数据以及通道、交通、物流数据等物理条件反馈到模型中，以推导出预测未来问题所需的模拟，然后优化解决方案。在施工阶段，添加实时数据有助于实时监控施工现场，优化设施设备的使用，从而节省资金并适应施工现场的实际使用。此外，还可用于计划同步、复杂集成地下管线等碰撞冲突检查、距离测量、自动化制造、数量测量、部件设备估算等。

2.2.2　大数据技术

2.2.2.1　大数据的概念

大数据可以被认为是一个庞大而复杂的数据集，以至于很难使用可用的数据库管理工具进行处理。与具有相同数据总量的单独较小集合相比，大数据通过探索数据间的相关性以发现业务趋势、确定研究质量、预防疾病、链接法律引用、打击犯罪、确定实时道路交通状况。

Padhy 提出，大数据是数据集的集合，如此庞大和复杂，以至于使用传统的数据管理工具变得难以处理。同样，Mayer-Schönberger 和 Cukier 提出大数据是人们可以在大规模范围内做的事情，而在较小的范围内做不到，通过改变市场，在生活、工作、科学和工业中创造一种新的价值形式、组织、人与人之间的关系等等。

大数据技术，是指大数据的应用技术，涵盖各类大数据平台、大数据指数体系等大数据应用技术。大数据技术为新兴技术产业，正在成为融入经济社会发展各领域的要素、资源、动力、观念。大数据以容量大、类型多、存取速度快、应用价值高和客观真实性为主要特征，通常无法在一定时间范围内用常规软件工具进行捕捉、管理和处理。通常将大数据的特征归纳为 5 个 V，即 Volume（数据量巨大），Velocity（高速及时有效分析），Variety（种类和来源的多样化），Value（价值密度低，商业价值高），Veracity（数据的真实有效性）。

2.2.2.2　大数据的作用与意义

大数据的巨大价值得到广泛重视，已成为"战略资源"，通过分析大数据，能够确定一些"潜在知识"或"可操作信息"为未来的决策提供信息。

通过加强大数据的收集并将其转化为可操作的信息，可以提高效率，遵循大数据的线索可以做出更明智的决策，海量的大数据可以缓解决策可用信息的局限性。大数据可以减轻小数据固有的潜在偏见，并提供更全面的信息，以更接近客观事实。大数据的多样性进一步提高了决策者可获得信息的质量。它可以从不同的角度衡量某事，因此可以让决策者更清楚地了解所考虑的问题的整体性。不同种类的大量数据还可以揭示隐藏的模式、未知的相关性和其他有用的信息。

大数据技术的战略意义在于对庞大的、含有意义的数据进行专业化处理，以及实时交互式的查询效率和分析能力。

2.2.2.3　数据分析

（1）大数据分析的目的

大数据分析提供了传统系统无法提供的洞察力，如怎样准确预算估计、与警报阈值相关的风险水平、最佳开工时间的安排、设备购买和租赁的最佳组合、如何更有效地使用燃料以降低成本和环境影响等等。

大数据分析的目的是从大数据库中提取知识形式的价值，检查庞大的数据集，发现其中隐藏的相关性、趋势、模式和进一步的统计指标。分析是对数据或统计数据的系统计算分析，用于发现、解释和交流数据中有意义的模式，并将发现的数据模式应用于有效的决策。分析依赖于应用统计学、计算机编程和运筹学来量化性能。

（2）大数据的来源

大数据的来源多种多样，根据数据生成的不同分为：

① 人工生成。由个人直接生成，主要通过他们与网络的互动产生。比如通过

cookie、社交网络、博客、多媒体或电子商务门户管理的网站的点击流产生。

② 机器生成。由全球导航卫星系统（GNSS）传感器、物联网、射频识别（RFID）、天气监测站、科学仪器、消费和专业软件（如金融市场交易系统）、生物医学设备和其他来源产生。

③ 业务生成。公司内部产生的所有数据，包括人工和机器生成的数据（支付、订单等财务数据，库存、销售等生产数据等）。

（3）大数据分析的主要内容

大数据分析包含文本分析、多媒体数据分析、网络分析。

① 文本分析是指从包含在文档、电子邮件、网页、博客和社交网络帖子中的非结构化文本中提取信息和知识。它也被称为文本挖掘，主要利用自然语言处理技术、ML和统计分析来开发用于主题识别（主题建模）、问题的最佳答案搜索（问题回答）、用户对某些新闻的观点识别（观点挖掘）等目的的算法。

② 多媒体数据分析，它使用 ML 算法来提取对图像、视频和音频内容的语义描述有用的低层和高层信息，包括基于文本标注的自动标注（多媒体标注）和基于视觉或声音特征提取（特征提取）的索引（多媒体标引）和推荐算法（多媒体推荐）。

③ 网络分析，自动分析网页和超链接，以获取有关网页内容、结构和使用的信息和知识，通过使用文本和多媒体分析，并使用跟踪超链接的爬行算法重建拓扑结构，以揭示网页或网站之间的关系。

（4）大数据的分析方法

大数据分析方法有：预测性分析、可视化分析、大数据挖掘算法、语义引擎、数据质量和数据管理。大数据的梳理一般包括数据采集、数据存储、数据预处理、数据分析、数据可视化与交互分析等。

2.2.3 物联网技术

2.2.3.1 概念

物联网技术是通过射频识别（RFID）、红外感应器（IR）、全球定位系统（GPS）、激光扫描器（LS）等信息传感设备，按约定的协议，实时采集任何需要监控、连接、互动的物理或者过程的信息，将任何物品与互联网相连接，进行信息交换和通信，以实现智能化识别、定位、追踪、监控和管理的一种网络技术。"物联网技术"的核心和基础仍然是"互联网技术"。

2.2.3.2 特征

（1）获取信息的功能，主要是指信息的感知、识别。信息的感知是指对事物属性状态及其变化方式的知觉和敏感；信息的识别是指能把所感受到的事物状态用一定方式表示出来。

（2）传送信息的功能，主要是指信息发送、传输、接收等环节，最后把获取的事物状态信息及其变化的方式从时间（或空间）上的一点传送到另一点的任务，这就是常说的通信过程。

（3）处理信息的功能，是指信息的加工过程，利用已有的信息或感知的信息产生新的信息，实际是制订决策的过程。

（4）施效信息的功能，是指信息最终发挥效用的过程，有很多的表现形式，比较重要的是通过调节对象事物的状态及其变换方式，始终使对象处于预先设计的状态。

2.2.3.3　物联网与互联网

互联网创造了一个虚拟的世界，而物联网打开了由虚拟转向现实之门。互联网在虚拟世界中实现了人与人的联系，而物联网则实现了物与物的联系，两者很好地实现了虚实互通和相伴。互联网是一个网络系统，而物联网则是一个建立在互联网基础设施上的庞大的应用系统。

物联网平台的运用是指通过使用 BIM、物联网、云数据和其他现代信息工具来辅助施工管理，即通过 BIM 在深化设计、施工技术模拟、质量和安全控制等方面的成熟应用，并结合项目部实际需求搭建基于 BIM 的项目管理协同工作平台，再通过二维码技术对预制构件的加工、运输、装配等信息化管理的全过程。

2.2.4　移动通信技术——5G

移动通信技术是一种无线电通信技术，主要有蜂窝通信技术、集群通信技术、AdHoc 网络通信技术、卫星通信技术、分组无线网通信技术、无绳电话通信技术、无线电传呼技术等。

移动系统网络结构可分为三层：物理网络层、中间环境层、应用网络层。物理网络层提供接入和路由选择功能，它们由无线和核心网的结合格式完成。中间环境层的功能有 QoS 映射、地址变换和完全性管理等。物理网络层与中间环境层及其应用环境之间的接口是开放的，它使发展和提供新的应用及服务变得更为容易，提供无缝高数据率的无线服务，并运行于多个频带。这一服务能自适应多个无线标准及多模终端能力，跨越多个运营者和服务，提供大范围服务。

目前国内已经有比较成熟的 5G 系统，5G 为第五代移动通信技术，具有高上行速率、低延时、高可靠、海量连接、高能效、高安全等工业特征。

"5G"一词广义上指的是宽带蜂窝网络的第五代技术标准。与 4G 标准相比，5G 蜂窝网络的主要优势是它们呈现出更大的容量带宽，提供更高的速度，更低的延迟时间，管理更大数量的设备，能耗降低显著（每比特传输比 4G 低 90%），以及支持以非常高的速度（约 500km/h）运动的设备。

速度的提高是通过使用比以前的蜂窝网络更高频率的无线电波实现的。频率更高的无线电波的有效物理范围更短，因此 5G 地理单元更小，更容易被探测到，需要多个紧凑的天线，可以安装在任何地方（灯柱、屋顶、车顶等）来连接较大的区段。为了提供广泛的服务，5G 网络最多在三个频段上运行，低（600～700MHz），中等（2.5～3.7GHz）和高（25～39GHz）。最广泛使用的是中频 5G，它的速度可以达到 100～900Mbit/s；高于 4G 网络 15～75Mbit/s 的 10 倍，这取决于运营商和网络的覆盖程度。

4G、5G 主要特征对比见表 2-1。

表 2-1　4G、5G 主要特征对比表

特征	4G	5G
年份	2009	2018
技术	LTE,WiMAX	MIMO,mmWaves
接入系统	CDMA	OFDM,BDMA
网络	网络包	互联网
频率	800～2600MHz	600MHz～39GHz
最高时速	300～1000Mbps	1～10Gbps
延迟	20～30ms	1～10ms
机动性	200km/h	500km/h
连接密度	0.1～10 万/平方公里	1 百万/平方公里

具有高速、高可靠性、低延迟、高连接密度和安全性等特点的 5G 网络，对于创建日益智能的建筑工地至关重要。

2.2.5　数字孪生

2.2.5.1　数字孪生的内涵

数字孪生是指基于传感器数据更新及历史信息等，建立物理实体在虚拟空间中的映射（孪生模型），通过虚拟模型对实体进行模拟、指导、控制、优化、预测等全寿命周期管理应用。

数字孪生技术发展大致经历了三个阶段。①概念形成期，从美国航空航天局（NASA）的 Apollo13 到数字孪生概念正式提出，数字孪生理论框架基本形成；②应用探索期，军事航空航天领域最早提出及应用数字孪生，随后向工业制造领域拓展；③智能发展期，数字孪生与 AI 及大数据、物联网等技术融合，应用场景向民用领域拓展，推动各领域数字化、智能化转型。

数字孪生技术被定义为创建物理对象的视觉和数字模型，通过物理和数字环境之间持续和动态的数据交换，物理和数字组件之间存在着深刻的交互。它提供实时监控、更新、模拟、分析、控制、预测和优化，以及在整个寿命周期中的验证和无缝协调。因此，可以有效避免信息孤岛和数据重复。通过使用这种方法，可以在整个过程中监控和管理施工现场的情况。数字孪生基础架构包含①基于建筑信息模型（BIM）技术的数字表示；②包含传感器技术的物联网（IoT）；③数据存储、集成和分析；④与物理环境的交互。

数字孪生的基础是数字表示，BIM 是构建数字表示的关键技术，因为 BIM 为目标组件建立了相应的信息模型，并收集了与组件相对应的信息。数字孪生的核心要素是模型及数据。在数字孪生模型与物理实体之间数据交互过程中会产生新的数据（分析结果），用于反映系统当前状态，并根据 IoT 监测数据、历史数据、工程经验等对施工中的质量、安全、进度和成本进行科学预测，分析结果可以用于反馈、优化、指导、控制实际工程。

2.2.5.2　数字孪生在建设项目中的应用

数字孪生是实际工程项目的数字化表达。数字孪生基于传感器实时采集数据，建立物理世界与虚拟世界的动态连接，在 BIM、GIS 与 FEM 等高精度建模的基础上，结合 IoT 监测数据，对施工过程进行动态模拟、诊断预警、评估预测。数字孪生技术提供了丰富的物理环境虚拟表示的整个寿命周期。它可以支持计划、跟踪、监控、操作、风险和问题识别、改进、性能优化、维护和未来资源需求预测。

数字孪生技术在建筑相关领域已被开发用于智慧城市、建筑环境、设施、基础设施、建筑、物业、工作空间、交通和停车系统。例如，在智慧城市场景中，数字孪生技术可以监测和解决城市环境和能源问题，以帮助实现低碳目标；在房地产领域可以应用数字孪生来分析房地产计划，以最大限度地利用空间；在工作空间领域，数字孪生可以通过其使用者的健康和绩效数据来支持办公空间的优化设计和使用，有利于业主更好地控制工作空间并提高租户满意度，此外，它还可以帮助监控来自传感器的关于占用、温度、二氧化碳水平和会议室状态的不同数据集；在基础设施方面，数字孪生技术可用于监控基础设施状况，便于基础设施风险管理的决策；在设施方面，数字孪生技术可以监控设施的工作状态，及时发现异常情况；对于城市停车网络，该技术可以识别未充分利用的位置，以推动基础设施重新分配的决策；在土木工程施工中，利用数字孪生技术进行结构安全分析，通过构件结构安全分析模型与仿真结果以及监测数据的整合，将施工过程以及相应施工过程中结构的性能进行可视化。

2.2.6　云计算

2.2.6.1　云计算的概念

2006 年 8 月，谷歌首席执行官埃里克·施密特在搜索引擎大会首次提出"云计算"的概念。2009 年，美国国家标准与技术研究院（NIST）进一步丰富和完善了云计算的定义和内涵。NIST 认为，云计算是一种基于互联网的，只需最少管理和与服务提供商的交互，就能够便捷、按需地访问共享资源（包括网络、服务器、存储、应用和服务等）的计算模式。根据 NIST 的定义，云计算具有按需自助服务、广泛网络接入、计算资源集中、快速动态配置、按使用量计费等主要特点。NIST 定义的三种云服务方式是：①基础设施即服务（IaaS），为用户提供虚拟机或者其他存储资源等基础设施服务。②平台即服务（PaaS），为用户提供包括软件开发工具包（SDK）、文档和测试环境等在内的开发平台，用户无须管理和控制相应的网络、存储等基础设施资源。③软件即服务（SaaS），为用户提供基于云基础设施的应用软件，用户通过浏览器等就能直接使用在云端上运行的应用。

"云"实质上是一个网络。狭义上，云计算就是一种提供资源的网络，使用者可以随时获取"云"上的资源，按需求量使用，并且资源可以看成无限扩展的，只要按使用量付费即可。从广义上说，云计算是与信息技术、软件、互联网相关的一种服务，该计算资源共享池被称为"云"。

云计算服务使用分布式计算（distributed computing）的方法，通过数据中心，将庞大且复杂的计算处理程序分成多个较小的子程序，并且由族群计算机（cluster）进行平行计算和分布式计算，最后将计算结果回传给使用者。

云计算的特征：广泛的网络访问、快速弹性、高可靠性、资源抽象、计费服务。

2.2.6.2 云计算类别

（1）按照云计算层次可以分为基础设施即服务（IaaS），平台即服务（PaaS）和软件即服务（SaaS），如图 2-6。

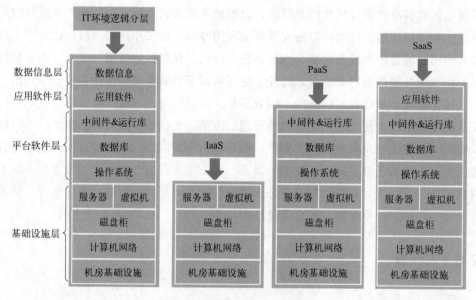

图 2-6　云计算的三种服务模式

（2）云计算的体系按照云计算服务的提供者进行分类可以分为公有云、私有云和混合云。按照云计算服务的服务对象进行分类可分为公众云、企业云和项目云。两种分类方式相互交叉，可产生 6 种具体的 BIM 云计算体系，表 2-2 中已经排除部分相互冲突的体系，例如公众云不可能同时是私有云，因为公众自身不能作为云计算服务的提供者。

表 2-2　BIM 的云计算体系

云计算体系	公有云	私有云	混合云
公众云	√	—	—
企业云	—	√	√
项目云	√	√	√

（3）云计算根据服务层次可以分为协同云、高效云和智能云。BIM 信息需要跨周期、跨学科、跨地域传递和共享，为使用者提供高层次的模型协同开发、高效运行、智能分析等服务。

① 协同云，协同云是指面向多用户、多终端实现异地同步的信息共享和传递。

② 高效云，其目的是在满足对于 ND-BIM 数据有效管理的同时，提高 BIM 数据的处理效率或者数据处理能力，降低 Cloud-BIM 使用的复杂度。

③ 智能云，主要指 BIM 数据的深度分析，利用数据分析手段从以往认为不可用或忽视的原始数据中直接提取出有效信息，在 Cloud-BIM 架构上实现点云数据自动建模、信息辅助决策、信息变动支持等目标。

2.2.6.3　云计算的意义

（1）云计算引发了软件开发部署模式的创新，并为大数据、物联网、人工智能等新兴领域的发展提供了基础支撑。云计算能够提供可靠的基础软硬件、丰富的网络资源、低成本的构建和管理能力，是信息技术发展和服务模式创新的集中体现。在云计算模式下，软件、硬件、平台等信息技术资源以服务的方式提供给使用者，有效地解决了政府、企事业单位面临的机房、网络等基础设施和信息系统运维难、成本高、能耗大等问题，改变了传统信息技术服务架构，推动了绿色经济发展。

（2）云计算促进了硬件和软件资源管理和使用方式的范式转变。实际上，无论何时何地，通过 Internet 上的任何设备都可以随时访问云服务，并允许许多用户远程共享相同的计算基础设施，同时有足够的个人隐私和安全保证水平。

（3）云计算为大数据的汇聚和分析提供了基础计算设施。云计算技术为建筑企业提供了负担得起且可伸缩的处理能力平台。该平台可以采用到期即付的定价模型，从而消除了企业应用该平台的前期成本。例如安装和维护设备、硬件和软件成本一直是建筑业，特别是中小企业采用信息与通信技术的障碍。云计算技术为尽早采用该技术的企业，尤其是中小企业，提供了更强大的竞争力。

（4）在组织中采用云计算将通过建立业务关系和长期联盟来提供优势，从而使业务保持不变。建筑行业在项目寿命周期管理方面大多被认为是分散的，但广泛的信息和数据在流程和利益相关者之间传输，以确保项目的正确交付。云计算的使用将简化这些工作流程，并在项目寿命周期中连接利益相关者——设计阶段、施工阶段、运营阶段和项目完成后维护阶段的各企业。在云和实时网络上存储信息和数据使企业可以从任何地方访问此类信息和数据。

（5）可以更有效地识别危险，并通过已输入云系统的信息有效地确保工作人员的安全与健康。根据 Martínez-Rojas 等的说法，有关施工安全的相关信息通常不共享，即使是在项目人员之间，这将威胁到劳动力的安全。云计算的战略采用及其在建设项目中的实施使利益相关者之间能够有效地共享信息。对于业务连续性，云计算的可靠和可扩展的存储特性被认为是一种很有前途的技术，它通过 Web 服务和高性能计算提供对存储基础设施的快速访问。

2.2.7　边缘计算

2.2.7.1　边缘计算的概念

在将数据发送到云之前，可以在设备层面进行部分分析，这种新兴的范式被称为边缘计算（在网络边缘的计算），是一种计算拓扑。在这种拓扑中，信息处理和内容的收集传递被放置在更靠近信息来源的地方，即边缘设备把摄像头、扫描仪、手持终端或传感器收集到的所有信息在数据的源头执行部分或全部的处理，而非发送到云端进行处理。边缘计算技术可以有效地补充和扩展云处理，从而提高带宽效率，减少响应时间，降低网络压力，最大限度地减少能源消耗。多个物联网设备可以通过边缘网关连接，收集的数据在本地处理，并根据需要提供服务，提高了性能、隐私和安全性。此外，在网络边缘处理数据也有助于防止私人信息被泄露。个人信息的重要数据在发送到云中心之前，可以在边缘服务器上进行数据提取和加密等预处理，以确保只有最必要的数据以更安全的方式发送出去。

边缘计算是一种在网络边缘侧执行计算的新型计算模型，其中的"边缘"是指从数据源到云计算中心路径之间的任意计算和网络资源。边缘计算概念最早是由 Ryan La Mothe 在 2013 年的一次报告中提出的。边缘计算通过使用网络边缘端的网络、存储、计算等资源，实现对事件源的数据实时感知、分析以及处理，并就近为用户提供敏捷服务与应用。边缘计算的产生并非替换集中处理的云计算技术，而是通过与云计算的协同工作，共同为客户提供性能更优的服务。

2.2.7.2　边缘计算的架构

边缘计算根据组成以及功能等不同，可分成"端-边-云"三层架构，其中边缘层为插在传统终端层与云计算中心层之间的计算层，各层具体组成如下所述。

（1）终端层：终端层位于架构最底层，由靠近用户，具有数据采集、信息感知的传感设备（如智能手机、传感器模块等）组成。终端层主要负责用户信息、事件数据感知采集，并上传给边缘层进行处理。

（2）边缘层：边缘层处于终端层与云计算中心之间，主要由具有一定存储计算能力的网关、机顶盒等设备组成，也被称为"边缘节点"。这一层可对终端层采集的数据进行本地化处理，提供本地化服务，并根据需求将数据上传到云计算中心；也可以接收上层发送的指令信息，执行对应的操作。

（3）云计算中心：架构的最上层为云计算中心层，由具有较高计算存储能力的服务器组成。云计算中心采用集中计算模型，可对底层传输而来的海量数据进行长期的存储以及大数据分析，提供全面的信息决策服务。

2.2.7.3　边缘计算的优势

边缘计算通过引入具有一定存储计算能力的边缘层，负责就近数据的本地化分析处理，提供实时服务，这极大地降低了数据传输的网络带宽压力以及云计算中心层的负载压力。边缘计算主要优势表现如下。

（1）靠近用户及事件源，反应敏捷。边缘节点靠近用户或者事件源，边缘层直接执行数据处理的部分或全部任务，对数据的变化能做出敏捷反应，提供就近、实时的本地化服务。

（2）成本低，节约资源：边缘层中无需使用高性能、价格昂贵的服务器，可以使用已有或价格便宜的网关、路由器等设备，节约成本；同时服务中的数据分析任务可部分或全部交由边缘层处理，使得云计算中心的负载极大降低，相关的能源损耗也降低。

（3）可靠性强，安全性高。边缘计算采用与传统云计算不同的架构体系，前者为分布式，后者为集中式。集中式架构故障危害大，易发生单点故障，引发系统崩溃。而边缘计算在网络边缘侧进行数据处理，即使发生故障，也不会影响其他边缘侧的正常运行。

2.2.8　人工智能和机器学习

2.2.8.1　人工智能

（1）人工智能的定义

人工智能（artificial intelligence，AI），指由人制造出来的机器所表现出来的智能，即用人工的方法在机器（计算机）上实现的智能，也称为机器智能（machine intelligence），是研究理解和模拟人类智能、智能行为及其规律的一门学科。其主要任务是建立智能信息的处理理论，进而设计一系列可以展现某些近似于人类智能行为的计算系统，这些智能系统，使用先进的算法来识别模式，得出推论，并通过自己的判断支持决策过程。

约翰·麦卡锡于 1955 年对人工智能的定义是"制造智能机器的科学与工程"。安德里亚斯·卡普兰（Andreas Kaplan）和迈克尔·海恩莱因（Michael Haenlein）将人工智能定义为"系统正确解释外部数据，从这些数据中学习，并利用这些知识通过灵活适应实现特定目标和任务的能力"。

自 1956 年正式提出"人工智能"这个术语并把它作为一门新兴学科的名称以来，人工智能便获得了迅速的发展，并取得了惊人的成就，引起了人们的高度重视，受到了很高的评价。它与空间技术、原子能技术一起被誉为 20 世纪的三大科学技术成就。

人工智能至今尚无一个被大家一致认同的定义。但目前最常见的人工智能定义有两个：一个是明斯基提出的，"人工智能是一门科学，是使机器做那些人需要通过智能来做的事情"；另一个是尼尔森提出的，"人工智能是关于知识的科学"。上述这两个定义中，专业人士更偏向于第二个定义。相对于其他学科，人工智能具有普适性、迁移性和渗透性。

目前，人工智能主要包含七大技术领域，即机器学习、知识图谱（语义知识库）、自然语言处理、计算机视觉（图像处理）、生物特征识别、人机交互、AR/VR（新型视听技术）等。其中，机器学习是人工智能的核心技术和重要实现方式，是其他细分领域的底层机制。

（2）人工智能的分类

人工智能按能力可以分为三类：弱人工智能、强人工智能和超人工智能。

① 弱人工智能（artificial narrow intelligence，ANI），指的是只能完成某一特定任务或者解决某一特定问题的人工智能，比如战胜世界围棋冠军的人工智能 AlphaGo。我们现在实现的几乎全是弱人工智能。

② 强人工智能（artificial general intelligence，AGI），属于人类级别的人工智能，指的是可以像人一样胜任任何智力性任务的智能机器。它能够思考、计划、解决问题、抽象思维、理解复杂理念、快速学习和从经验中学习等，并且和人类一样得心应手。在强人工智能阶段，由于已经可以比肩人类，同时也具备了具有"人格"的基本条件，机器可以像人类一样独立思考和决策。创造强人工智能比创造弱人工智能难得多，现在还无法实现。

③ 超人工智能（artificial super intelligence，ASI）。牛津大学人类未来研究院 Nick Bostrom 把超智能定义为"在几乎所有领域都比最聪明的人类大脑聪明很多，包括科学创新、通识和社交技能"。在超人工智能阶段，人工智能已经跨过"奇点"，其计算和思维能力已经远超人脑。此时的人工智能已经不是人类可以理解和想象的。人工智能将打破人脑受到的维度限制，其所观察和思考的内容，人脑已经无法理解。

2.2.8.2　机器学习

（1）内涵

机器学习（machine learning，ML），即人工智能在没有方向性指导的情况下，使用数据的数学模型来帮助计算机学习的过程及从数据中学习的能力。机器学习是一门典型的交叉学科，涉及概率论、统计学、凸分析、逼近论、系统辨识、优化理论、计算机科学、算法复杂度理论和脑科学等诸多领域，主要指利用计算机模拟人类的学习行为，使其自主获取新的知识或掌握某种技能，并在实践训练中重组自己已有的知识结构，不断改善其工作性能。机器学习过程的本质是已知数据构建一个评价函数，其算法成立的基本原理在于数值和概念可以相互映射。

机器学习的基本实现方式可描述为：将具象的概念映射为数据，同目标的观测数据一起组成原始样本集，计算机根据某种规则对初始样本进行特征提取，形成特征样本集，经由预处理过程，将特征样本拆分为训练数据和测试数据，再调用合适的机器学习算法，拟合并测试评价函数，即可用之对未来的观测数据进行预测或评价。该流程如图 2-7 所示。

（2）机器学习的类别

① 按照学习态度和灵感来源分类，可将机器学习分为符号主义、联结主义、进化主义、贝叶斯主义和类推主义等。符号主义直接基于数据和概念的相互映射关系，利用数据的判断和操作，表征知识运用和逻辑推理过程，典型算法有决策树、随机森林算法（多层决策树）等。联结主义的灵感来源于大脑的生理学结构，设置多层次、多输入单输出、互相交错联结的处理单元，形成人工神经网络，演绎大脑的数据处理过程。进化主义认为学习的本质源于自然选择，通过某种机制不断地生成数据变化，并依照优化目标逐步筛选最优解，典型算法如遗传算法。贝叶斯主义基于概率论，利用样本估计总

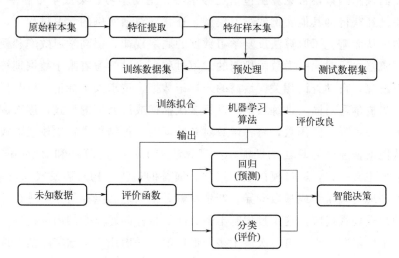

图 2-7 机器学习的基本流程

体，推算各类特征在特定样本数据下的出现概率，并依照最大概率对数据进行分类。类推主义关注数据间的相似性，根据设定的约束条件，依照相似程度建立分类器，对样本数量的要求相对较低，典型算法如支持向量机、KNN（k 近邻）算法等。

②按照学习模式和样本结构分类，可将机器学习分为监督学习、无监督学习、半监督学习和强化学习等。监督学习采用已标记的原始数据集，通过某种学习机制，实现对新数据的分类和预测（回归），输出模型的准确度直接由标记的精确度和样本的代表性所决定，决策树、人工神经网络和朴素贝叶斯算法等是当前理论较为成熟、应用十分广泛的算法模式。无监督学习针对无标记的原始数据集，自行挖掘数据特征的内在联系，实现相似数据的聚类，而无需定义聚类标准，省略了数据标记环节，主要用于数据挖掘、模式识别和图像处理等领域，典型算法如支持向量机和 k-means（k 均值）算法。半监督学习采用部分标识的原始数据集，依据已标识数据特征，对未标识数据做合理推断与混合训练，从而避免了数据资源的浪费，解决监督学习迁移能力不足和无监督学习模型不精确等问题，是当前机器学习的研究热点，但其抗干扰性和可靠性还有待改善。强化学习主要针对样本缺乏或对未知问题的探索过程，设定一个强化函数和奖励机制，由机器自主生成解决方案，并由强化函数评价方案质量，对高质量方案进行奖励，不断迭代直到强化函数值最大，从而实现机器依托自身经历自主学习的过程，尤其适合于工业机器人控制和无人驾驶等场合。

③按照学习方法和模型复杂度分类，可将机器学习分为传统机器学习和深度学习。针对原理推导困难、影响因素较多的高度非线性问题，如切削工艺和故障检测，传统机器学习建立起一种学习机制，基于样本构建预测函数或解决问题的框架，兼顾了学习结果的准确性和算法模型的可解释性。相对地，深度学习又称深度神经网络，构建三层以上的网络结构，抛弃了模型的可解释性，以重点保证学习结果的准确性，典型算法如卷积神经网络、循环神经网络和深度置信网络等。

④其他学习算法以改良、优化的方式，提升或补充上述算法的应用效果，其本身

无法直接输出预测函数，常见算法包括迁移学习、主动学习、集成学习和演化学习等。迁移学习将已经获得的其他实例的学习模型，迁移到对新实例的学习过程中，指导学习迭代的方向，从而避免了原算法反复学习数据的底层规律，提高学习效率和模型泛化能力，如不同机器之间对同一类故障检测的学习过程。主动学习着眼于数据训练过程，根据当前学习情况，自动查询相关度最高的未标记数据，请求人工标记，以此提高训练效率和精度。集成学习对同一训练数据集进行多次抽样或以共用的形式，逐次调用基础学习算法，生成一系列预测函数，将各函数对新数据的评价结果进行比较或加权，获得最终结果，从而增强原学习算法的性能，典型算法如 Boosting 算法和 Bagging 算法。演化学习与进化主义一致，通过模拟生物进化、演替的过程，构建启发式随机优化算法，将已知解不断地交叉重组或参数变异，产生新解并依据适者生存的原则进行筛选，经多代迭代后输出全局最优解。这个过程基本不会涉及目标问题复杂的内部机理，对优化条件和样本质量的限制极少，可一次产生多个最优解，并由用户依据实际情况选用。演化学习对多元优化问题的求解效率很高，其典型算法包括遗传算法、蚁群算法和粒子群算法等，机器学习算法类别见图 2-8。

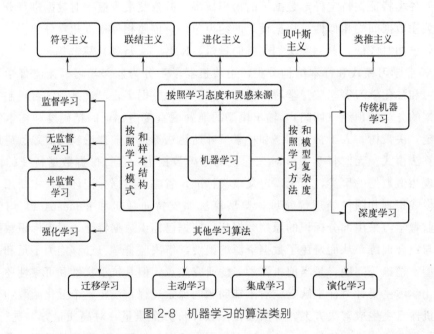

图 2-8　机器学习的算法类别

2.2.8.3　人工智能和机器学习在建设领域的应用

在设计阶段，AI 和 ML 工具可以通过预测建筑在运营阶段可能的形式和技术选择的性能，从最初阶段就支持设计选择，通过生成设计的方法允许根据项目目标优化设计选择。ML 工具提供了开发替代模型的可能性，这些模型甚至在概念设计的早期阶段就能提供快速和足够准确地对建筑性能预测。AI 分析根据项目素材数千张蓝图的“新知识”进行设计，基于 AI 生成的设计比手工设计有更广泛的设计选择范围。ML 最近开始被用于识别与设计变化相关的潜在错误和不兼容性。

AI 和 ML 工具在改造项目中尤其有用，在这些项目中，它们可以利用大量的建筑库存数据和可比干预措施，以支持识别改造潜力、评估不同的节能措施和需要干预的建筑特征。

AI 和 ML 工具在施工阶段的应用。智能物料验收系统、智能 AI 钢筋点数以及仓库信息化管理有效提升项目物资验收效率和准确率，助力项目降本增效；门禁人脸识别系统、劳务实名制管理系统精准掌握工人考勤情况、安全专项教育落实情况、信用评价等信息，强化项目劳务管理，有效降低劳务纠纷风险；远程视频监控系统和智慧工地·慧眼 AI 为工程提供"自动化监控"和"智能化管理"，全时侦测、分析前端视频图像，提供人员、环境、设备等安全风险事件识别和报警服务；智能环境管理系统、自动喷淋系统、再生能源管理以及智能水电管理，响应国家绿色施工号召，减少环境污染，降低能源消耗。

2.2.9 区块链技术

2.2.9.1 区块链技术的定义

区块链（blockchain）是一种由多方共同维护，使用密码学保证传输和访问安全，能够实现数据一致存储、难以篡改、防止抵赖的记账技术，也称为分布式账本技术。

典型的区块链以块-链结构存储数据。作为一种在不可信的竞争环境中低成本建立信任的新型计算范式和协作模式，区块链凭借其独有的信任建立机制，正在改变诸多行业的应用场景和运行规则，是未来发展数字经济、构建新型信任体系不可或缺的技术之一。典型的区块链系统中，各参与方按照事先约定的规则共同存储信息并达成共识。为了防止共识信息被篡改，系统以区块（block）为单位存储数据，区块之间按照时间顺序、结合密码学算法构成链式（chain）数据结构，通过共识机制选出记录节点，由该节点决定最新区块的数据，其他节点共同参与最新区块数据的验证、存储和维护，数据一经确认，就难以删除和更改，只能进行授权查询操作。按照系统是否具有节点准入机制，区块链可分为许可链和非许可链。许可链中节点的加入和退出需要区块链系统的许可，根据拥有控制权限的主体是否集中可分为联盟链和私有链；非许可链则是完全开放的，亦可称为公有链，节点可以随时自由加入和退出。

2.2.9.2 区块链技术的特点

（1）加密协议

区块链技术是构建在互联网 TCP/IP 基础协议之上，将全新加密认证技术与互联网分布式技术相结合，提出的一种基于算法的解决方案，推动互联网从"信息"向"价值"的转变。

（2）链式数据

区块链是一种按照时间顺序将数据区块以顺序相连的方式组合成的一种链式数据结构，是以密码学方式保证的不可篡改和不可伪造的分布式账本。在区块链中，数据信息是按照时间顺序被记录下来的，区块链是对达到指定大小的数据进行打包形成区块并链接进入往期区块形成统数据链的数据记录方式。

（3）技术创新

就像云计算、大数据、物联网等新一代信息技术一样，区块链技术并不是单一的信息技术，而是依托于现有技术加以独创性的组合及创新，从而实现了以前未实现的功能。其关键技术包括 P2P 网络技术、非对称加密算法、数据库技术、数字货币等，通过综合运用这些技术，区块链创造出新的记录模式与管理方法。

（4）去中心化

区块链技术是一种去中心化、无须信任积累的信用建立范式。互不了解的个体通过一定的合约机制可以加入任何一个公开透明的数据库，通过点对点的记账、数据传输、认证或是合约，而不需要借助任何一个中间方来达成信用共识。

从整体上来看，上述四个从管理方式的角度对区块链技术特点的分析是比较全面、广泛的。区块链的基本思想是建立一个基于网络的公共账本（数据区块），每一个区块包含了一次网络交易的信息。由网络中所有参与的用户共同在账本上记账与核账，所有的数据都是公开透明的，且可用于验证信息的有效性。这样，不需要中心服务器作为信任中介，就能在技术层面保证信息的真实性和不可篡改性。

区块链的意义在于"去中心化"，不同于中心化网络模式，区块链应用的 P2P 网络中各节点的计算机地位平等，每个节点有相同的网络权力，不存在中心化的服务器。所有节点间通过特定的软件协议共享部分计算资源、软件或者信息内容。

2.2.9.3 区块链技术在智能建造中的应用

（1）工程数据采集与存储

在工程勘察设计阶段和施工阶段有大量数据采集类的工作，例如地形数据的测量和复核，地形数据的准确性直接关系到土石方的计量结果，在实际工程中，特别是大型基础设施建设的过程中，土石方的造价占比较大，而且也是容易产生信任问题和滋生腐败的一个环节，因此保证地形数据的准确性和真实性是相关利益方共同关心的问题。如何保证土石方量计算时所依据的基础测量数据是真实和未被修改的，是目前需要考虑和解决的问题，基于区块链技术的不可篡改性，可以把区块链技术应用于此领域。

全站仪是工程测量的重要设备，通过在全站仪上配置区块链装置，实时获取全站仪捕捉的方位和标高数据，区块链装置可以将获取的第一手基础数据实时上链，当区块链上的节点完成了数据同步后，该数据就实现了不可篡改性，并且永久可验。

（2）工程资料存证

在建设项目实施过程中有大量的资料产生，特别是随着无纸化办公的推进，越来越多的电子资料在项目实施流程中被使用，包括电子版的图纸、签证变更单、隐蔽工程验收单、现场计量单等，无纸化的实施确实带来了很多的便利，但同时，由于电子资料版本迭代便利、易修改，电子签名和确认的手续又相对不普及，导致后续资料使用时可能有扯皮的情况，例如使用电子图招标，由于招标时间短，版本迭代快，待工程结算时，建设方和施工方作为不同的利益主体，对于哪一版是招标图都有可能出现争议；又例如项目实施过程中对于变更和确认有可能是一封电邮甚至是一条微信就进行了确认，公信力不足。

对于电子版工程资料和电子信息进行存证，恰恰是区块链技术的优势所在，利用区块链技术进行存证的电子版资料自带时间戳，一旦上链完成数据广播同步，数据就自然具备了不可篡改的特性。如电子版图纸，只要在对应版本发放的同时，通过小工具获取所有电子版图纸文件的哈希值，并将所有文件名和对应的哈希值生成一个清单文件，将该文件上链，即可完成对文件版本的区块链存证，对电子版文件的任何修改都会导致文件哈希值的变化，从而无法通过后续的区块链存证验证。

对于过程中的电子文档，像各类别合同、协议书、图纸会审记录、工程质量验收记录、各种报告和各单位来往信件也可以配合手机移动认证应用，形成具有法律公信力的基础电子资料，有效解决项目实施过程中的信任问题，同时实现文件的防伪和永久存储。

（3）点工数量及机械台班计量

在项目实施过程中的点工签证、机械台班签证，包括土方运距计量，数量需要通过烦琐细致的现场统计获取，往往无法实现全程盯人、盯机械计量，而最终的结果往往凭一纸签字进行确认，一方面在审计时，委托方对于实际的用量容易存疑，另一方面由于资料的真实性容易被质疑，承包人按实际情况进行签证后，又无法用强有力的证据对数据进行佐证。

区块链结合物联网技术恰恰可以有效地解决此问题，对于点工和现场台班，可以通过携带区块链装置，将行动轨迹的 GPS 数据、功率输出数据等足以证明人力和设备工作情况的数据实时完成上链统计，这样所有的数据都可以在事后进行溯源，甚至可以通过数据分析出中间的休息时间和低效工作时间，有了大量的基础数据，大大方便了委托方的现场人员对工作量进行确认，而且这些基础数据可以直接存储在链上，以备后续审查使用。对于土方运距的问题，同样可以通过给载重车辆安装区块链装置的方法解决，时间、地点、载重、运动轨迹等数据实时上链后形成了无法篡改的基础数据，通过这些数据的分析可以验证渣土车何时装载，何时卸载，何种行驶路线，以便于过程管理和后续结算。

（4）工程现场数据存证

在建设施工过程中常需要保存照片作为证据，照片可为竣工结算、重大事件的回溯、隐蔽工程的完成情况以及索赔和反索赔提供依据。如何保证照片的真实性值得探究，在实际工程中，可以将相机和区块链技术整合，把拍得的照片通过无线通信技术即时上传至区块链网络，这样就可以通过上链照片的时间戳和坐标信息等充分证明照片的真实性。同理，现场会议纪要录音和录像的资料也可以用类似的办法进行存证并验证使用。

（5）建筑产品供应链

供应链是由生产商、经销商、零售商和配送中心等构成的网络，一件商品从生产商最终到消费者手中，中间可能会经过许多流通环节，如何确定到手的商品是指定厂商生产的正品是关系到我们每个人切身利益的事情。原有的正品验证往往通过中心化的方式，数据统一存储，但仍难以完全确保是正品。通过区块链技术可溯源和永久验证的特点，将商品有关生产、交易、中间加工和流转的信息实时记录在区块链上，保证商品信息在任何环节都是公开透明的，各企业和个人均能及时了解物流的最新进展，最重要的是由于验证信息一直是同步上链的，使得篡改验证信息的可能性几乎为零。

2.2.10　3D 打印技术

2.2.10.1　3D 打印技术的定义和优势

3D 打印技术又称为"增材制造"技术，是以预先设定的数字模型为基础的三维模型，通过"离散-堆积"的原理，将粉末状金属或塑料等可黏合材料按照一定的方式逐层累积，使用光固化等技术，以最快速度、最高质量成型所需构件的一种加工技术。3D 打印技术在很多领域都有广泛应用，如工程建筑、汽车、教育等等。

3D 打印技术是集成了正反向造型、三维模型数字化、实体分层制造等高新技术于一体的综合性技术，能自动、高效、准确地将三维模型的设计理念和思想转化为所需的三维实体模型。

根据国家标准 GB/T 35351—2017《增材制造 术语》，增材制造技术主要分为黏结剂喷射、定向能量沉积、材料挤出、材料喷射、粉末床熔融、薄材叠层以及立体光固化等七大类。基于混凝土材料的特性，3D 打印混凝土主要采用材料挤出（material extrusion）和材料喷射（material jetting）两种工艺。

图 2-9 为典型的基于材料挤出工艺的 3D 打印混凝土装置，该装置给混凝土材料施加一定的压力并通过喷嘴挤出，成型一层材料。等前一层材料固化后，进行下一层材料成型，通过逐层累积的方式加工成最终的结构。图 2-10 为近年来出现的一种基于材料喷射技术的 3D 打印混凝土方法。

图 2-9　基于材料挤出工艺的 3D 打印混凝土装置

3D 打印技术的优势：

一是打印设备尺寸小、造价低、易于运输、易于维护、易于推广；

二是打印设备适应性强，可在空间中灵活运动，打印多种形态的目标对象；

图 2-10　基于材料喷射技术的 3D 打印混凝土方法

三是可打印不同种类的产品，包括低层房屋、装配式建筑构件、园林小品及环境饰品；

四是开放性的软件系统，在自带软件平台上，可添加新的设计或操作模块；

五是智能机器臂本体可换挂其他工艺设备进行其他工种的智能建造或加工，如切削、打磨、喷涂等。

2.2.10.2　3D 打印技术的应用

3D 打印技术在建筑领域的应用主要分为两个方面，建筑设计阶段和工程施工阶段。建筑设计阶段主要是制作建筑模型，设计师可以将 BIM 技术和 3D 打印技术结合，直接将 BIM 建模中的信息导入 3D 打印设备，将虚拟模型直接打印为建筑模型，可以让客户直观感受预期生产效果，从而提出针对性修改、建设方案，提升交易成功率。工程施工阶段主要是利用 3D 打印技术建造建筑，通过"油墨"即可快速完成工作，这样节省能耗，也能够实现设计结构更为复杂、形态更为抽象的建筑或构件，通过 3D 打印技术还可以避免镂空等设计在施工的过程中出现细节中断、设计不贯通等问题，使得室内装饰与建筑能够完美匹配。

3D 打印在建筑不同领域中的具体应用如下。

（1）建筑构件打印。使用大型 3D 打印机，可以直接打印建筑构件，如墙体、柱子和梁等。这样可以减少传统施工中烦琐的模板制作和浇筑过程，提高施工效率。例如，可以使用混凝土材料，通过 3D 打印技术将墙体逐层打印出来，形成整个建筑的结构；利用大型 3D 打印机，可以将柱子的形状设计好后直接打印，无须制作模板，节省了时间和人力成本；还可以打印出一些建筑装饰构件，如装饰雕塑、花纹砖块等，为建筑装饰提供了更多的可能性，并且可以减少人工制作的成本和时间。

另外 3D 打印混凝土技术还与结构设计相结合，用于对传统建筑进行优化设计，以实现结构减重。图 2-11 为荷兰 Verttico 公司与比利时根特大学合作，对人行天桥的结构进行的拓扑优化设计实验。与传统的建造方式相比，采用 3D 打印技术将桥梁施工中使用的材料减少了 60%，在减轻结构重量的同时，减少了建造过程中的能源消耗，是一种绿色经济的建筑方式。

图 2-11　利用 3D 打印技术对人行天桥的结构进行拓扑优化

（2）建筑外壳打印。利用 3D 打印技术，可以制造出形状复杂的建筑外壳，如曲线形状或个性化设计的外立面，有助于实现建筑设计的创新和个性化。例如，位于比利时安特卫普的安特卫普河畔博物馆是由曲线形状构成的，其外立面采用了 3D 打印技术制造（如图 2-12 和图 2-13）。通过 3D 打印技术，可以生产出高度复杂的金属构件，使得建筑外立面呈现出流线型的造型，提高了建筑的视觉吸引力。

（3）精确建筑模型打印。建筑师和设计师可以使用 3D 打印技术制作出精确的建筑模型，在较短的时间内可以对建筑体的设计成果有一个较为直观的可视化呈现，帮助他们更好地理解和展示设计意图。这可以提高沟通效果，减少误解和错误。例如，丹麦哥本哈根的国家剧院是一座标志性的建筑，建筑师使用 3D 打印技术制作了该建筑的精确模型。这个模型不仅帮助设计师展示了他们的设计理念，还为业主和建筑团队提供了更好的参考和决策依据。天津滨海新区的滨海图书馆是一座现代化的建筑，采用了 3D 打印技术制作了精确模型。这个模型帮助设计团队更好地展示建筑的外观和内部空间布局，也帮助投资方和决策者对项目进行评估和确认。

（4）紧急居住和救灾。在自然灾害或紧急情况下，使用快速建筑 3D 打印技术可以快速构建临时住所，提供紧急救援和支持。利用 3D 打印技术可以在应对如突发性公共卫生事件的情况下，直接进行小型隔离建筑建造。在装配式建筑中，3D 技术的引入可以很大程度缩短产品的制造周期，有利于企业的成本控制。

2.2.10.3　3D 打印技术与智能建造的关系

3D 打印与智能建造是两个相互关联且相辅相成的领域。3D 打印技术在智能建造中发挥了重要的作用，通过将数字化技术与建筑制造相结合，实现了高效、精确和可持续

图 2-12　安特卫普河畔博物馆外观图

图 2-13　安特卫普波尔博物馆局部异形外立面

的建设过程。3D 打印与智能建造之间的关系如下：

（1）制造定制化构件。3D 打印技术使得建筑构件的定制化制造变得更加容易。通过使用 3D 打印机，可以根据具体需求来制造各种形状复杂的构件，满足建筑设计的个性化需求。

（2）增加设计灵活性。智能建造致力于提供更灵活的设计方案。3D 打印技术可以以数字模型为基础，实现对建筑构件的快速设计和制造，给设计带来了更大的灵活性和创新性。

（3）提高施工效率。3D 打印技术可以实现建筑构件的快速制造，避免了传统生产方法所需的时间和人力成本。这可以大幅缩短建筑项目的周期，并提高施工效率。

（4）降低成本。智能建造追求减少建筑过程中的浪费和成本。通过使用 3D 打印技术，可以减少材料的浪费，并减少人力成本，从而降低整体建造成本。

（5）实现可持续建筑。3D 打印技术可以利用可再生的建筑材料，并通过精确的打印过程来减少材料的浪费。这有助于实现可持续建筑目标，减少对自然资源的消耗。

（6）自动化和智能化。智能建造的目标是实现建筑过程的自动化和智能化。3D 打印技术可以与机器人技术和自动化设备相结合，实现建筑构件的自动化制造和装配，减少人工参与，提高生产效率和质量。

综上所述，3D 打印技术为智能建造的发展提供了重要的支持和推动。通过与数字化和自动化技术的结合，3D 打印在实现建筑定制化、提高施工效率和降低成本等方面具有巨大潜力，将为未来的智能建造带来更多创新和变革。

 ## 思考题

1. 请简述智能建造的理论体系框架，并说明各部分之间的关系。

2. BIM 技术在智能建造中的作用是什么？请举例说明 BIM 技术的应用实践。

3. 大数据技术在智能建造中的作用是什么？如何利用大数据优化建筑设计、施工和运维过程？

4. 物联网技术在智能建造中有哪些应用？请简述物联网与互联网的关系。

5. 数字孪生在建设项目中的应用有哪些？请简述数字孪生的内涵和意义。

6. 云计算在智能建造中的作用是什么？请简述云计算的概念和类别。

7. 边缘计算在智能建造中的优势是什么？请简述边缘计算的概念和架构。

8. 人工智能和机器学习在建设领域的应用有哪些？它们是如何提高生产效率和质量的？

9. 请简述 3D 打印技术在智能建造中的应用，以及它与智能建造的关系。

 ## 参考文献

[1] 刘文峰，廖维张，胡昌斌. 智能建造概论 [M]. 北京：北京大学出版社，2020.

[2] 尤志嘉，吴琛，郑莲琼. 智能建造概论 [M]. 北京：中国建材工业出版社，2021.

[3] 杜修力，刘占省，赵研，等. 智能建造概论 [M]. 北京：中国建筑工业出版社，2021.

[4] 毛超，刘贵文. 智慧建造概论 [M]. 重庆：重庆大学出版社，2021.

[5] 王宇航，罗晓蓉，霍天昭，等. 智慧建造概论 [M]. 北京：机械工业出版社，2021.

［6］　周晨光 . 智慧建造［M］. 北京：清华大学出版社，2020.

［7］　毛超，彭窑胭 . 智能建造的理论框架与核心逻辑构建［J］. 工程管理学报，2020，34（05）：1-6.

［8］　梁兴辉，张旭冉 . 治理现代化视角下数字孪生城市建设机制与路径研究［J］. 高科技与产业化，2022，28（02）：52-57.

［9］　李世新，窦玉丹，袁永博 . 智能建造背景下利益相关者研究综述［J］. 土木工程与管理学报，2022，39（06）：111-119.

［10］　杨党锋，刘晓东，苏锋，等 . 城市地下综合管廊智慧运维管理研究与应用［J］. 土木建筑工程信息技术，2017，9（06）：28-33.

［11］　张明，梁森，何兴玲，等 . 基于 BIM 与边缘计算的工程项目资源调度系统研究［J］. 建筑经济，2020，41（S1）：171-174.

［12］　卜继斌，聂策明，丁昌银，等 . 基于区块链的大体积混凝土温度监测系统的研究与实践［J］. 广东土木与建筑，2021，28（08）：11-14.

［13］　刘占省 . 智能建造导论［M］. 北京：机械工业出版社，2023.

［14］　李建明，陆文胜，徐德意 . 预制构件生产线和建筑机器人应用研究现状［J］. 建筑施工，2023，45（01）：168-172.

第 3 章
智能规划与设计

 学习目标

1. 掌握智能规划与智能设计的基本概念及应用领域;
2. 理解智能规划与智能设计的技术原理及方法;
3. 学会运用智能规划与智能设计解决实际问题;
4. 了解智能规划与智能设计的发展趋势及前景;
5. 提高在实际工程项目中的创新能力和实践能力。

关键词: 智能规划; 智能设计; 工程应用

3.1 人工智能辅助

人工智能自 20 世纪 50 年代提出以来已在多个学科中得到应用并形成多种算法。随着 2006 年以来深度学习 (deep learning, DL) 的快速发展, 人工智能成为各领域的研究和应用热点。

全世界都在新一代信息技术与现代制造业、生产性服务业融合创新的产业变革方面努力。在国际上, 2012 年德国推行了以 "智能工厂" 为重心的 "工业 4.0 计划"。2016 年 12 月, 英国发布了《人工智能: 未来决策制定的机遇与影响》。法国于 2017 年 3 月发布《人工智能战略》。日本将 2017 年确定为人工智能元年, 推进 "超智能社会 5.0" 建设。2018 年, 美国发布了人工智能的国家战略。我国是全世界人工智能行动最早、动作最快的国家之一, 2015 年 7 月, 国务院发布《关于积极推进 "互联网＋" 行动的指导意见》, 明确将 " '互联网＋' 人工智能" 列为重点行动之一; 国务院在 2017 年颁布的《新一代人工智能发展规划》(以下简称《规划》) 中提出了面向 2030 年我国新一代人工智能发展的指导思想、战略目标、重点任务和保障措施, 部署构筑我国人工智能发展的先发优势, 加快建设创新型国家和世界科技强国。《规划》已经指明了人工智能的发展方向, 并指出人工智能可以建立数据驱动、以自然语言理解为核心的认知计算模型, 从大数据中挖掘有效信息并提供决策依据。为落实《新一代人工智能发展规划》, 系统指导各地方和各主体加快人工智能场景应用, 推动经济高质量发展, 科技部、教育部、工业和信息化部、交通运输部、农业农村部、国家卫生健康委等六部门联合发布《关于加快场景创新以人工智能高水平应用促进经济高质量发展的指导意见》(以下简称《意见》)。《意见》围绕国家重大活动和重大工程打造重大场景，在亚运会、全运会、进博会、服贸会等重大活动和重要会议举办中，拓展人工智能应用场景，为人工智能技术和产品应用提供测试、验证机会。鼓励在战略骨干通道、高速铁路、港航设施、现代化机场建设等重大建设工程中运用人工智能技术，提升重大工程建设效率。在土木基础设施领域，人工智能技术深度融合，辅助决策土木基础设施规划、设计、建造和养维护的全寿命周期，深刻变革土木工程的发展。

人工智能辅助决策关键技术的本质是算法助力智能建造，算法是智能建造的大脑，包括大数据、机器学习、深度学习、专家系统、人机交互、机器推理、类边缘计算等，主要体现在智能规划、智能设计等各方面。

3.2　智能规划

（1）概念

规划是人的意识与智慧的反映，是人类区别于其他动物的重要标志之一。美国的规划专家埃里克·达米安·凯利在《社区规划》中指出："规划是一个最基本的人类活动。它对于任何一项复杂的长期的工作都是必不可少的。"规划是人类文明的产物，是人类社会文明进步的体现。对于规划的理解，还可以认为规划是一个"过程"，在时间延伸的理念中得以体现。这也是比较受大家认可的概念。也就是说，规划是人类经济社会发展过程中对未来一个时段的安排，是由过去、现状推测未来一个时段的过程，是由现状的状态规划到规划期的状态，以实现经济社会发展平衡状态的转化。

智能规划起源于 20 世纪 60 年代，是人工智能的一个重要领域。规划是关于动作的推理，通过预估动作的效果选择和组织一组动作，以尽可能好地实现一些预先指定的目标。而智能规划则是人工智能中专门从计算上研究这个过程的一个领域。面对复杂的任务，在实现复杂的目标或者在动作的使用中受到某种约束限制的时候，智能规划能够节省大量人力、物力、财力。智能规划指基于状态空间搜索、定理证明、控制理论和机器人技术等，针对带有约束的复杂建造场景、建造任务和建造目标，对若干可供选择的路径及所提供的资源限制和相关约束进行推理，综合制订出实现目标的动作序列，每一个动作序列即称为一个规划。

智能规划已在各行各业得到广泛应用，可应用于工厂的车间作业调度、现代物流管理中的物资运输调度、智能机器人的动作规划及宇航技术等领域。按照规划的形式，智能规划可分为路径和运动规划、感知规划和信息收集、导航规划、通信规划、社会与经济规划等。

（2）较传统规划的优势

① 更高效

传统规划中，人力调查观测、主观判断分析耗费大量人力物力，方案的可行性又难以论证。相比较而言，智能规划借助数字规划通过大数据应用和分析，可以提供高质量、富细节、多层次的基础数据，建立快速、高效的实时评估方法，为城市管理者在城市更新和治理过程中提供科学高效的技术支持。

② 更优化

传统规划不能展现影响规划因素之间的相互关系，而智能规划则可通过软件工具模拟仿真影响因素之间的关系。以城市规划中的交通规划为例，传统规划过程中，一般根据城市的人口规模和产业布局进行规划，主要考虑城市层面的空间协调性，各类影响因素无法交互分析，无法定位现存问题，改造方案合理性不可验证。而智能规划可以借助时空大数据，建立职住结构分布模型、道路交通运行模型，对路网结构、道路交通节点、公共交通及其他相关交通设施进行优化调整，提升城市综合交通规划的科学性和合理性。通过大数据与数字规划的手段，从交通、功能、景观三个层面建立机动交通、人流分布、商业价值、文化价值、舒适体验五个评价指标体系，得出各区域的更新潜力，从而制订更具针对性的城市规划更新策略。

③ 更灵活

传统规划在建筑初期给出制订的设计规划等，但因环境受限，无法有效关联短期规划和中远期规划等。智能规划可以在建筑规划的初期，通过智能化手段的应用，对整个建筑全面规划，这个规划中包括了远期的目标实现。通过在建筑规划中进行智能化手段的融入，促使建筑规划更为协调，同时也更为便捷。

总之，智能规划的出现使得整个行业实现了规划方式的变革，智能化应用必将成为建筑行业发展的主流趋势。

3.3　智能规划在土木工程领域中的应用

智能规划在土木工程领域的应用主要包括城市规划、建设项目选址规划、工厂园区规划等，此外还包括在施工建设阶段的施工规划、材料运输路径规划、施工现场规划和施工方案规划等。道路规划应用更为广泛，包括基于多智能体的三维城市规划、基于智能算法的路面压实施工规划和材料运输路径规划、基于遗传算法的塔式起重机布置规划、应用 Matlab 确定钢结构施工方案等。

3.3.1　人工智能在城市规划中的应用

智慧城市是在社会和城市建设进一步发展，城市规模越来越大，城市人口越来越多，城市管理面临管理范围不断扩大、管理领域不断增多、管理内容日趋多样和繁杂等问题的背景下提出来的，为解决城市发展难题，实现城市可持续发展，建设智慧城市已成为当今世界城市发展不可逆转的历史潮流。《新一代人工智能发展规划》也特别指出：推进城市规划、建设、管理、运营全生命周期的智能化。而人工智能正在加速发展，人工智能催生城市规划变革。

城市的生长演化不是设计出来的，只能模拟，关键是如何实现动态的适应与调整。近年来，美国麻省理工学院等诸多科研院所陆续在城市规划领域开展人工智能研究，采集各种数据，借助机器的理解，了解人类自身的处境，使新的概念和理论不断涌现。例如，认知科学研究如何从大数据中获得洞察力，城市计算通过异构大数据处理来应对发展挑战。

人工智能在城市规划领域有着良好的应用基础。利用人工智能分析土地动态变化，研究城市交通、空间优化和土地使用等已很普遍；也有不少学者致力于开发复杂适应系统（CAS），支持创新的自适应规划设计。

随着人工智能的发展，规划手段也在不断升级，主要包括以下五个方面。

（1）不断开源数据渠道

数据是"人工智能＋城市规划"的"血液"，注重数据获取将会越来越关键。一方面，要借助智慧城市建设和政府数据开放，协同城市规划与智慧城市规划，尽量保障规划数据的收集、利用和安全；另一方面也要积极探索第三方商业模式，鼓励搭建更多数据开放平台，推动数据使用，汇聚创新源泉。

（2）工具网络不断创新发展

人工智能的工具资源较为丰富，如 CA 模型、CAS 建模工具和 ML 算法，以及各种文本、音频、图像智能模块，也包括无人机和传统数据的创新利用。人工智能技术进步很快，各种"黑科技"令人眼花缭乱，需要辨别和选取潜在的优质股。例如，利用人工智能辅助基础数据获取，实现自动比对和过程评估；利用人工智能研究城市垂直空间生长，借助机器视觉量化街景照片，研究城市变迁等。

（3）人机交互

"虚拟现实＋城市规划"，一方面融合实时的感知、分析、判断与决策，方便方案呈现和审查修正，有利于市民深入了解和提前感受规划，优化规划流程和提高规划质量；另一方面也是人工智能的上佳训练场，如 NVIDIA 的 Holodeck 模拟器。人机交互不只是让机器自动工作，还包括实现自我学习、沉浸式对话、众包、协作、价值判断与预测力，真正成为规划师的好帮手。例如埃隆·马斯克宣布开发的脑机接口，更是赋予规划师无限的想象空间。

（4）自下而上控制

规划的一致性常常体现在关键指标的可追溯与不可篡改方面，而区块链技术可以成为实现高效监管的透明利器。除此之外，区块链还能用于提升基础设施的配置与使用效率，串联各类闲置资源，实现利用最大化；优化商品分配与消费方式，结合 VR、IoT技术，构建人、机、物融合的数字生态和智力内核，激励人类群体智能的组织、涌现和学习，与机器智能相互赋能增效。

（5）云端设计

推动规划从单机（服务器）走上云平台，逐步实现分布式规划、云上协同"多规合一"平台规划和智能规划。现在的规划编制已经很难单依靠一个城市（地区）的数据来完成，比较和系统分析全国甚至全球性的数据变得极有必要。这样做也有利于营造标准统一、跨平台分享的数据友好生态，方便相关专业人才和人工智能的在线协作与智力共享，实现更加充分和深入的公众参与科学调整规划的全过程。

3.3.2　智能规划在项目选址中的应用

选址规划是在项目设计之前，对项目建设的位置与场地进行规划、论证和决策的过程，通过合理的选址保证项目建设的位置所在的区域能够满足项目建设的基本要求。项目所在区域的经济、社会、人文、空间环境等各种条件会对项目的建设与价值的发挥产生影响，因此合理的选址对项目的建设具有重要意义。

基于 GIS 的项目选址规划使用成熟。通过 GIS 缓冲区分析实现对服务基础设施（如商超、学校、医院等）能触达的服务半径的分析并为功能性建筑（如住宅区）的选址提供准确数据，从而为空间规划选址提供科学而智能的辅助决策。

作为 GIS 系统重要的空间分析功能之一，缓冲区分析可以实现对选定的位置或者区域进行缓冲区半径绘制，从而分析该半径所覆盖的地物。以用户选择的实体（点、线、面）为基础，构建该实体周围指定长度范围内的缓冲区多边形图层，然后通过源图层与结果图层的叠加分析，从而计算覆盖的区域范围。基于面状要素的缓冲区分析结果，是向外延伸一定距离生成的多边形所包含的范围；基于线状要素的缓冲区分析结果，是以选定的线为主轴线，距该轴线一定距离的带状多边形所包含的范围；基于点位的缓冲区分析结果，是以选定的位置点为中心，以一定长度为半径的圆所包含的范围。

3.3.3　智能规划在园区规划中的应用

随着信息技术的飞速发展和人工智能的崛起，智慧园区已成为企业发展的新趋势。智慧园区基于物联网、人工智能、大数据等技术，将传统产业园区与现代信息技术相结合，为企业提供了更高效、更智能的发展环境。智慧园区是指采用先进的信息通信技术与物联网技术，将园区内的各种设备、设施和系统进行互联互通，实现数据的采集、分析和应用，从而提升园区管理效率、服务质量和运营水平的一种新型城市管理模式。智慧园区主要包括智能安防、智慧交通、智慧能源、智慧环境等，因此对前期园区规划的精细度要求更高。

智能规划的应用主要包括以下几个方面：

（1）为满足用户需求从底层设计开始规划

在数字化建设时代智慧园区正在发生深层次、多维度、复杂化的变革，智慧园区的规划设计需结合未来 10～20 年的发展需求进行规划，从底层开始设计，结合用户需求、数字技术的发展以及智慧城市建设的大前提综合考虑：园区面积、智能硬件、智慧软件、用户需求、后勤维护等，可以利用大数据、物联网技术以及可视化技术共同构建智慧园区运维平台。

（2）多个应用层级规划开放式智慧园区

现在的智慧园区通常都是硬件感知层、数据交互层、数据网络传输层、服务应用层、软硬件一体化交互层共同构建的一个互联互通的开放式的智慧园区。由硬件感知层负责数据感知，园区中各项环节以数据形式进行体现。数据交互层将数据进行统计归纳分析，以便维护人员可以清晰准确地了解各项环节的数据情况。数据网络传输层则将统计分析好的数据传输至用户大屏，让用户第一时间掌握运营情况。服务应用层给用户和维护人员提供智能化辅助服务，包含物业服务、经济服务、远程服务等综合性数字化体验服务。软硬件一体交互层则是人工智能和物联网技术的产物，主要围绕人的需求进行智慧园区设计规划。

如果现代的智慧园区采用以上集中应用层级进行规划设计，可以帮助智慧园区在信息化建设方面统一协调架构，解决了以往智慧园区存在的数据不能共享、过度依赖人工、运维低效、数据信息混乱等问题，在注重智慧园区数字化建设和管理的前提下还能实现运维并提供高品质服务。为智慧园区管理企业及管理人员提供数字化园区运维管理平台，也促进了智慧园区向数字化、生态化、智能化方向发展。

（3）以数字化智慧城市为发展战略方向

智慧园区作为数字化智慧城市建设的重要组成部分，智慧园区在规划时应该以智慧城市为背景考虑设计规划。智慧园区应突破障碍关联产业链，结合城市发展战略聚焦人才和产业资源拉动智慧城市的发展。在智慧园区规划时主要考虑城市体系建设中区，实现智慧园区和数字化城市发展的高度融合。

在"数字化"浪潮的推动下，人工智能、物联网、大数据等技术将进一步地发展和深入应用，智慧园区作为智慧城市基础建设，也是智慧产业转型升级的重要载体，所以数字化智慧园区也将迎来一场新的发展机遇。因此在进行智慧园区规划时要以科技创新为动力，以智慧城市建设为背景为用户打造智能、高效、便利的数字化智慧园区。

3.4 智能设计

3.4.1 智能设计的基本概念

建筑设计（architecture design）是指建筑物在建造之前，设计者按照建设任务，把施工过程和使用过程中存在的或可能发生的问题，事先做好通盘的设想，拟定好解决这些问题的办法、方案，并用图纸和文件表达出来，作为备料、施工组织工作和各工种在制作、建造工作中互相配合协作的共同依据，便于整个工程得以在预定的投资限额范围内，按照周密考虑的预定方案，统一步调，顺利进行，并使建成的建筑物充分满足使用者和社会所期望的各种要求。

设计是一种与人的智能相关的创造性活动，其中的创造性主要指设计的结果是客观物质世界中存在尚不明确的事物。设计这种创造性活动实际上主要是对知识的处理与操作，因此设计最显著的特点就是智能化。智能设计系统在求解问题时，不仅需要基于数学模型完成数值处理这类具有定量性质的工作，而且需要基于知识模型完成符号处理这类具有定性性质的推理性工作。在以往的设计中，设计的智能化主要体现为人类专家的脑力劳动，其中对知识的处理和操作具体表现为人类专家的逻辑推理等思维活动，计算机的出现和飞速发展为模拟人类专家的上述设计思维过程提供了契机。

智能设计是采用计算机模拟人类思维的设计活动。智能设计系统的关键技术包括：设计过程的再认识、设计知识表示、多专家系统协同技术、再设计与自学习机制、多种推理机制的综合应用、智能化人机接口等。智能设计按设计能力可分为三个层次：

（1）常规设计，它是指设计属性、设计进程、设计策略已经规划好，智能系统在推理机制的作用下，调用符号模型（如规则、语义网络、框架等）进行设计。

（2）基于实例和数据的设计，包括两类，一类是收集工程中已有的、良好的、可对比的设计实例进行比较，基于设计数据，指导完成设计；另一类是利用人工神经网络、机器学习、概率推理、贪婪算法等，从设计数据、试验数据和计算数据中获得关于设计的隐含知识，以指导设计。

（3）进化设计，它是指借鉴生物界自然选择和自然进化机制，制订搜索算法，如遗传算法、蚁群算法、粒子群算法等，通过进化策略进行智能设计，如生成设计、自动合规检查、人工智能施工图审查等。

3.4.2 智能设计在土木工程领域的应用

3.4.2.1 BIM 协同设计技术

BIM 协同设计云平台是基于互联网模式的工程建设各参与方协同工作的平台，服务于工程建设项目的所有参与方。该平台贯穿整个 BIM 项目实施周期，为各参与方提供数据交互、设计协同、成果展示等功能，实现项目 BIM 协同设计管理、基于 BIM 的动态成本管控的同时，保障了项目深化设计工作的一致性和集成性，提高了整个项目团队的协同工作能力以及工作效率。

（1）BIM 设计策划管理

BIM 协同设计云平台，具有深化设计任务分解、设计工作成果和工作流程的制订、设计人员的选择及角色权限定义、设计里程碑和任务计划的编制、文件目录结构及权限定义、设计规范选择、设计样板文件选择等功能。通过设计策划管理来指导和管控项目的设计工作有序进行。

① 针对项目的深化设计任务，利用 BIM 协同设计云平台，合理组织项目深化设计人员，分配深化设计任务，制订项目深化流程、图纸查阅权限及流转审批流程。在项目深化设计实施过程中，各专业实时更新项目资料，使深化设计人员及时收取准确的专业提示，提高项目深化设计的效率及质量。

② 针对不同项目的深化设计方案及设计管理需要，设定与之适应的职级责任人员进行审核，应用 BIM 协同设计云平台对项目成员按部门、职能进行划分，对不同部门和职能责任人员进行系统使用权限分配，实现整个项目设计工作的有序管理。

（2）集成 Revit 的跨区域多专业协同设计

BIM 协同设计云平台基于私有云开发，与 Revit 软件紧密集成，实现跨区域、多专业协同的项目设计工作，提供项目投资、项目进度及成果更新、链接关系管理、模型轻量化发布等功能。

① 项目深化设计人员登录平台后，可以查看授权范围内的项目信息、任务、通知、批注、项目模型及相关文件，并使用平台中的样板和项目族库来创建项目中心文件，避

免了因模型互传导致的构件信息丢失等问题。

②　平台服务器设置在云端，无须项目人员集中办公，只须在客户端登录账号，就可进行日常工作，实现了项目人员跨部门、跨区域的高效信息互通和协同设计。

BIM 协同设计云平台提供高效模型轻量化技术，在平台中一键进行轻量化转化，并把转换后的轻量化模型发布到云端，项目相关人员通过手机、平板、电脑随时随地查看和协作。轻量化模型同时具有二/三维视图联动、漫游、构件隐藏、模型批注等功能。

3.4.2.2　数字化设计

（1）建筑数字化设计

数字化就是计算机将所有的信息都转化成相对应的数字信号，从而存入计算机中，由计算机进行技术处理后通过网络传送信息。这种技术可完成对信息的储存和处理、传送，是进入信息社会的基础。

现代建筑在设计中是离不开空间的，并且其空间设计存在着显著特点：建筑形态的复杂和空间结构的复杂。正是因为这些特点，让设计师的想象受到了不同程度的限制，须结合一定的模型和电脑模拟来完成对整个空间的功能设计和设施设计，所以数字化技术在现代建筑设计中的应用既是社会发展的偶然，也是必然选择。

数字化建筑设计模式不仅可以满足设计师在设计中的要求，还为建筑物更好的审美价值和感官享受提供了基础，让现代建筑设计形态更加多元化和审美化，建筑性能也得到了一定的优化。

采用计算机辅助建筑设计技术，可为建筑师在设计的过程中提供强有力而又直接的辅助工具，帮助建筑师直观、快速地呈现多样化的三维模型、空间和色彩间的搭配运用等，从质量和造型方面获得双重优势。

此外，还可与建筑周围的环境进行整合参考，这都是传统设计方法中完全不能做到的。

（2）结构参数化设计

参数化设计可以改善以往的结构设计方法，使设计师更容易探索设计空间。参数化设计可以在很短的时间进行精确的计算，根据设置的约束参数或算法，通过计算可以给出最好的结构形式，并提出更优化的设计解决方案。

从建筑结构设计流程来看，结构设计主要分为四大阶段，分别为方案设计、结构计算、施工图绘制以及碰撞检查，如图 3-1 所示。基于 CAD 的二维设计方法，上述四大阶段是相互独立的，各阶段之间缺少必要的配合，以至于结构设计专业内容无法实现协同设计，缺少必要的沟通交流。同时，由于 CAD 是基于二维点、线、面的几何组成，无法承载建筑结构构件基本数据信息，如，构件材料属性、空间位置、钢筋直径、混凝土保护层等，对此设计各参与方必须根据二维图纸构想三维空间模型，且需手绘各种视图（平立剖），此过程耗费大量的精力，且容易出现错误，后期修改过程长、难度大，存在设计周期长、效率低下等问题，甚至影响后期正常施工。现代建筑结构设计中，通过 BIM 技术的应用可发挥共享性、可视化、模拟性、协调性等作用。建筑结构设计中 BIM 技术的应用要点如下：

图 3-1　建筑结构设计过程

① 三维可视化设计

基于 BIM 技术开展建筑结构设计，只需建立一个三维实体模型，不同阶段无需重复建模，而是将各自的设计信息通过工作集的方式集成在同一模型内，形象展现各构件空间关系，设计、施工以及建设方可基于此进行技术交流，实现协同设计，消除了传统意义上的"信息孤岛"问题。基于 BIM 技术的建筑结构设计流程在进行大型复杂结构设计时，采用传统设计方法往往难以根据平、立面图纸发现设计中存在的问题，更无法发现不同专业协作时存在的问题。通过构建三维模型，可动态漫游演示结构模型、设备模型，及时检查结构空间关系是否满足要求，结构构件与设备构件是否存在碰撞，由此实现最优结构方案的选择。

② 实体配筋设计

在建筑结构设计过程中，通过 BIM 进行实体配筋技术的应用，可实现局部复杂部位或节点的钢筋配置施工模拟，提前发现问题，减少设计失误。此外，完成实体钢筋模型构建后，可为后续钢筋工程量统计、钢筋下料方法提供可靠依据。

③ 参数化与协同设计

BIM 模型的参数化，指的是构件定义的参数化与不同图元的参数化约束关系，设计人员可利用此参数化关系，提高建模效率，并实现模型的可编辑性。BIM 核心建模软件 Revit Architecture 软件、Revit Structure 软件是基于参数化设计的建模软件。传统建筑结构设计中，由于二维 CAD 施工图中图元无法实现一处修改、处处更新，因此缺乏有效的协作交流，基于三维参数化模型的应用，各专业可实现同步设计，结构专业设计信息无缝传递、共享，且后期发生设计变更时，无论是修改 Revit 项目浏览器施工图，还是直接在三维模型中修改，其他视图相应位置构件均会进行相关联的修改，即：一处发生改动，则其他图纸相应位置也会随之修改。基于 BIM 技术应用下的参数联动，使得整个设计过程修改、调整更为方便快捷，各专业工程师可集中精力进行本专业模型的优化与细节设计，进一步提高设计水平。

（3）机电数字化设计

针对模块化装配对 BIM 模型精度要求高的需求，调用高精度、参数化的族，根据项目设备、阀部件选型后厂家提供的产品族快速、准确地进行族参数的调整，有效提升建模的效率及质量。

为保证模型精度，创建模型时还须考虑管件、管道连接法兰实际焊接承插深度，并考虑法兰与法兰之间垫片的厚度，保证法兰面与法兰面的总长度不变。对于含有软连接的位置，还须考虑软连接的压缩量等。

运用 3D 扫描仪扫描现场结构、建筑得到模型，扫描完成之后使用点云软件观察和处理扫描数据，并将点云模型导入 BIM 模型中，将 BIM 模型与点云模型进行对比并修正 BIM 模型，保证 BIM 模型与现场一致，从而减少测量误差。

机电管线深化设计中应与建筑、结构、装饰及其他专业分包商紧密配合，互相协同配合，机电管线需遵循的原则如下：

① 机电模型拆分方式

由于软硬件的限制，一般中大型项目的机电模型为方便使用需要进行拆分。常见的模型拆分方式有两种，一是按专业拆分，如给排水、暖通、电气等；二是按楼层或区域拆分。

② 管线综合的基本原则

风管宜布置在顶层；垂直布置时，桥架布置在水管的上方；水平布置时，桥架和水管尽量靠两侧布置；强弱电桥架相邻布置时，注意规范上的最小间距。管道在统一标高上，尽量采用共用支吊架的形式，保证管线整体美观；如各机电管线发生冲突，遵循的避让原则如下：有压力管道让无压力管，小管道让大管道，施工难度小的避让施工难度大的。

③ 建模图纸台账

从建模初期设定图纸台账，针对全过程的图纸下发更替及时响应，同步修改模型及深化后的平面图、剖面图，避免出现因设计导致的模型不同步而产生的返工。

④ 根据施工阶段性匹配建模成果

建模阶段成果输出要求见表 3-1。

表 3-1　建模阶段成果输出要求

序号	工况	建模成果
1	一结构施工	一结构留洞图、钢结构留洞图、标高分析图
2	二结构施工	二结构留洞图、后砌墙体图、大型设备运输路线图
3	结构验收	管线综合图、设备基础图、管综后专业图
4	幕墙施工	幕墙外开百叶碰撞报告
5	精装施工	精装末端定位图

（4）钢结构数字化设计

钢结构二次深化设计可以分为两种模式，传统二次深化设计模式与基于三维设计的二次深化设计模式。前者是设计院设计施工图、厂家深化加工并施工安装的模式，深化由厂家完成。后者是设计院广泛应用 BIM 进行三维设计发展的必然，其本质是设计院采用 BIM 进行三维建模、计算、出图，依托 BIM 进行三维协同设计，并进行三维交付的一个过程。从设计院的设计传统看，设计院与加工车间没有直接关系，这与各自在设计生产中的角色有关；两者又是有联系的，施工图设计深度需要满足钢结构制图与表示方法方面的要求，且便于厂家识图，而厂家则可以将加工过程中发现的问题反馈给施工图设计方，使设计方能够在设计过程中更加注重施工图实现的可行性和便利性。

在基于BIM的钢结构二次深化设计中，设计院进行设计时可以向传统二次深化设计进行有限的延伸，但不能延伸到替代生产厂家的本职工作上去。

基于BIM的钢结构二次深化设计原则：

① 适度精细化建模原则。向厂家进行的二次深化设计有限延伸，基于此原则对钢结构各实体进行分类，确定建模深度。比如在施工图建模阶段，钢筋桁架楼承板内的钢筋不必强调弯钩的长度等细节，相应细节通过相应图集反映即可。

② 模型深度递进原则。不同的设计阶段建立不同深度的模型。比如在初设阶段，地下室混凝土部分不进行配筋，地上钢结构不进行螺栓及相应节点板的建模；不用强调暖通等专业小孔、埋件的精确定位。

③ 设计院传统深化与BIM结合原则。将设计院已经进行相关传统钢结构二次深化设计研究的内容，如梁柱截面、梁柱分段、梁柱节点、柱脚节点、内外墙墙板、檐沟、女儿墙等内容，进行相应族的参数化建模。根据需要不断拓展新的族。

④ 三维模型出图与CAD说明并重原则。过渡阶段，三维模型出图与CAD说明并重，最终实现无纸化三维模型指导加工与施工的状态。初设阶段模型较粗，出图后干预较少且容易；施工图阶段，模型精细，出图的细节较多，需要干预内容较多，难度较大，但是CAD配合解释的内容较少，如钢结构模型中梁柱节点连接较细时，在三维平面出图后该节点在平面上的表示就较复杂，会出现不同标高的构件在水平面上的投影相互覆盖，并且很难通过实虚线进行表达，而该节点在传统CAD平面图上是通过节点详图（三视图）来表达的。

基于BIM的钢结构二次深化设计方向与设计院相关的主要是加工厂和施工方，钢结构加工厂的工作是依据设计图纸采用Tekla进行建模深化并生成零件图，目前Tekla在深化建模方面比较成熟，而钢结构设计用的PKPM软件目前可以直接接口Tekla软件；施工方依据三维模型及图纸进行地上钢结构的吊装、安装。

立足设计院本身，钢结构深化设计应从方案、可研、初设、施工图整体考虑，着手实现以BIM（如Revit平台）建模为中心，计算（结构设计软件）作为前处理，协同和出图为后处理的深化方向，如图3-2所示。

当设计方采用Revit建立的模型细致到一定程度时，含设计在内的各相关方应该从理念上进行转变，即设计将三维模型提供给业主，业主将模型提供给加工厂，加工厂通

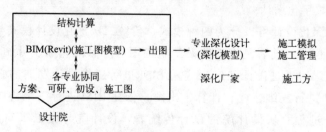

图3-2　EPC项目管理模式下钢结构深化设计流程

过三维模型完全可以实现深化加工的需求；对于施工方，上部结构施工工作是吊装、安装，当通过业主提供给施工方的深化阶段三维模型时，施工方通过三维模型（辅以施工模拟）进行吊装安装将会更形象，更便利，具体如图 3-3 所示。

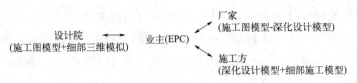

图 3-3　设计流程图

图 3-3 为打造"模型为主、图纸为辅"的钢结构模型设计、钢结构加工、钢结构安装新模式提供了基础。由此，相对传统二维出图，模型建立得越细，越不需要出图，而只需要提供模型、设计说明、工程量表以及必要的在原则中没有明确的其他内容。

（5）装配式建筑数字化设计

装配式建筑设计阶段应用的数字化技术以 BIM 技术为主，在预制构件的深化设计阶段应用范围较广，主要包括预制构件方案设计、预制率统计、预制构件配筋、碰撞检查及图纸输出等方面；生产阶段受限于装备的智能化程度，高智能化装备的价格高、应用少等，导致现阶段生产的数字化技术应用程度低，大部分工厂的构件生产以人工排产结合手动生产加工的方式为主。在构件追踪及物流管理方面，基于二维码或 RFID 芯片的构件运输、堆场、吊装等过程管理已基本普及，结合统一的在线协同管理平台可提高数字化技术的应用。

① 数据对接及快速建模功能

BIM 设计最大的工作量在于模型创建，智能化的深化设计软件应该具备对接多种格式 BIM 模型的能力，如结构计算模型的 JWS、PM 等格式；此外还应具备快速建模功能，方便模型的修改与补元。如此可避免翻模工作，降低预制构件深化设计工作量。

② 根据结构体系特点智能深化设计

智能深化设计软件应内置装配式结构体系设计标准，将设计规则结构化处理成为软件程序设计逻辑，从而实现根据不同装配式结构体系的特点与规则加快完成深化设计方案，并逐步形成构件库，未来可实现基于构件库的智能深化设计。由于设计方案的构件均来源于构件库，其模型、图纸、加工数据已具备，省略了预制构件图纸设计等工作，从而进一步提高了设计效率。

③ 智能构件配筋及计算验证

软件不仅可完成智能化深化设计，最重要的一点应该依据结构规范完成相应的构件配筋。除此以外软件应具备计算验证功能，对预制构件配筋进行合规性验证。

④ 碰撞检查与自动避让

装配式建筑不同于传统现浇建筑，采用工厂生产预制构件现场拼装的施工方式，对预制构件的生产精度要求十分严格。因此装配式建筑在深化设计阶段就应该充分考虑碰撞问题,包括钢筋之间、钢筋与埋件之间、构件与现浇段之间等。智能深化设计软件通过自动碰撞检查并按照一定规则进行合理避让,提高构件设计精度,减少由于设计不合理引起的构件问题。

⑤ 自动输出设计成果

装配式建筑软件设计成果主要包括:构件深化设计图纸、生产加工 BOM 清单、生产加工数据。构件图作为现阶段加工生产主要依据,且图纸数量巨大,软件应实现自动化成图,并能导出 DWG、PDF 格式的图纸;由于采用 BIM 设计,模型已具备生产加工的全套数据,软件应将其提炼为生产阶段所需的 BOM 清单和生产加工数据,如此才能体现 BIM 设计的数据价值。

装配式建筑是基于预制构件的全流程数字化技术应用,数据在设计、生产、运输、施工等过程中应该保证其可以得到稳定的储存、高效的传递和充分的利用,才能发挥数字化技术在装配式建筑中的应用优势。现阶段由于软件种类繁多、数据标准不统一,装配式建筑数据流断裂等问题突出,需要建立一体化集成的云平台将数据整合到一起,完成数据线上传递,打通装配式建筑数据流。为此首先要具备可创造出预制构件完整数据模型的软件,将预制构件生产所需的加工数据完整导出,包括 BOM 清单和构件几何信息等,再通过云平台将数据传递给工厂,工厂接收信息后,通过数据解析,将数据转化为生产装备可读的数据,从而打通设计、生产数据流,实现设计数据驱动工厂装备自动化生产,此过程对装配式建筑数字化技术应用意义重大。

3.4.2.3 智慧运维设计

智慧运维是一种应用,它和组成智能建筑的楼宇智能化、通信智能化、办公智能化都有关系,但按照《智能建筑设计标准》(GB 50314—2015)所代表的传统子系统集成的方式很难实现智慧运维。从业主的角度出发,智慧运维的设计更适合遵循《智能建筑设计标准》(GB 50314—2015)所提倡的技术构架来实施。

运维是工程全寿命周期的一个重要环节,占了工程全寿命周期 90% 以上的时间,但当前各建筑设计院设计咨询服务的内容局限于土建以及信息化、智能化系统,对智慧化、智慧运维这个领域的设计咨询还存在人才短缺、知识储备不够等短板,需加强建设、提升整个建筑设计行业的运维设计咨询水平。

 思考题

1. 请简述智能规划与智能设计的定义和特点。

2. 请列举三种智能规划与智能设计的技术,并简要介绍其原理。

3. 智能规划与智能设计在我国的应用领域有哪些?请举例说明。

4. 请分析智能规划与智能设计在国内外的发展趋势。

5. 如何将智能规划与智能设计应用于实际工程项目?

参考文献

[1]　王海斌，邵飞，付艳丽，等 . 基于 GIS 的招商项目选址系统设计与实现 [J]，2022，20（08）：78-81，85.

[2]　张文辉，赵伟光，杨凯，等 . "互联网＋"视角下新型产业园区规划设计研究——以济南中欧产业园建设项目规划设计方案为例 [J]，2022，19（05）：143-146.

[3]　鲍跃全，李惠 . 人工智能时代的土木工程 [J]. 土木工程学报，2019，52（05）：1-11.

[4]　张浪，仲启铖，张桂莲，等 . 基于 ArcGIS Engine 的城市绿地生态网络智能规划系统研发与实证 [J]. 园林，2024，41（01）：20-27.

[5]　李娜 . 基于粒子群算法的施工现场塔吊布置规划及应用研究 [D]. 邯郸：河北工程大学，2021.

[6]　王勇，张建平 . 基于建筑信息模型的建筑结构施工图设计 [J]. 华南理工大学学报（自然科学版），2013，41（03）：76-82.

[7]　孙澄，韩昀松，任惠 . 面向人工智能的建筑计算性设计研究 [J]. 建筑学报，2018（09）：98-104.

第
3
章

第4章
装配式构件的智能生产

 **学习目标**

1. 掌握装配式建筑发展的背景和意义；
2. 掌握智能工厂的建设思路和框架；
3. 掌握固定式装配式工厂的特点；
4. 掌握装配式智能生产工艺；
5. 熟悉智能装配式生产管理系统；
6. 熟悉装配式智能生产储存与运输。

关键词： 装配式；智能生产；运输

4.1 装配式构件智能生产概述

4.4.1 装配式建筑发展的背景

2022年1月19日，住房和城乡建设部发布了《"十四五"建筑业发展规划》，提出"加快智能建造与新型建筑工业化协同发展"和"大力发展装配式建筑"。党的二十大报告中要求"推进工业、建筑、交通等领域清洁低碳转型。"跟传统施工相比，建筑工业化工厂生产的建造方式，可大大减少噪声和扬尘，减少浪费，提高建筑垃圾回收率。另外，劳动力短缺，劳动力成本上升，传统建造方式质量通病，资源和能源的压力都迫切需要发展建筑工业化。那么，建筑工业化等同于预制装配化吗？搬到工厂的现浇不是建筑工业化，换一个地方现浇，在大量使用人工的过程中，废品率也大幅度上升。所以，建筑工业化混凝土预制（PC）部件的生产也应该与其他工业品的生产一样，要从流程梳理开始，以自动化生产为基础，逐渐走向人机互动智能高精度生产的低成本、高品质、高灵活性与智能化。

《国务院办公厅关于转发发展改革委住房城乡建设部绿色建筑行动方案的通知》（国办发〔2013〕1号）中第三条第（八）款指出：推广适合工业化生产的预制装配式混凝土、钢结构等建筑体系，加快发展建设工程的预制和装配技术，提高建筑工业化技术集成水平。2014年1月，住房和城乡建设部发布了《绿色保障性住房技术导则（试行）》（以下简称《导则》），明确各地依此研究制定本地区的绿色保障性住房技术政策，做好技术指导工作。2017 年 9 月 5 日，中共中央、国务院发布《关于开展质量提升行动的指导意见》，提出确保重大工程建设质量和运行管理质量，建设百年工程；加快推进工程质量管理标准化，提高工程项目管理水平；健全工程质量监督管理机制，强化工程建设全过程质量监管；大力发展装配式建筑，提高建筑装修部品部件的质量和安全性能。这些文件都反映了我国装配式建筑未来会走向工业化、信息化和绿色可持续发展的方向。

在施工过程中运用装配式工法，不仅可以极大地提高施工机械化的程度，而且可以降低在劳动力方面的资金投入，同时降低劳动强度。据统计，使用装配式工法修建高层建筑可以缩短 1/3 左右的工期，修建多层和低层建筑可以缩短 50％以上的工期。

4.1.2　装配式建筑的涵义

装配式建筑有标准化设计、工厂化生产、装配化施工、一体化装修、信息化管理和智能化应用六大典型特征。装配式建筑是什么？装配式建筑是将部分或所有构件在工厂预制完成，然后运到施工现场进行组装，"组装"不等于"搭"，预制构件运到施工现场后，会进行钢筋混凝土的搭接和浇筑。装配式建筑不完全等同于建筑工业化，如同造车一样，如果仅仅考虑组装过程，而不精密思考整车及零部件设计，就会造成造车时间的延长及成本的增加，同理，建筑工业化也需要考虑工业化信息化整体建筑建造体系。

装配式建筑的定义：装配式建筑是指把传统建造方式中的大量现场作业工作转移到工厂进行，在工厂制作好建筑用构件和配件（如楼板、墙板、楼梯、阳台等），运输到建筑施工现场，通过可靠的连接方式在现场装配安装而成的建筑。

装配式建筑体系具有以下特点：

（1）工厂化：大量构件、部品在工厂生产，减少现场人工作业，减少湿作业；

（2）工具化：施工现场减少手工操作，工具专业化、精细化；

（3）工业化：现代化制造、运输、安装管理，大工业生产方式产业化；

（4）数据化：实现 BIM 的全面系统应用，全产业链的现代化。

现代化的装配式住宅具有以下功能：节能；隔声；防火；抗震；外观不求奢华，但里面清晰而有特色，长期使用不开裂、不变形、不褪色。

装配式建筑施工有以下优点：

（1）施工进度快，房屋可在短期内竣工并交付使用；

（2）建筑工人少，劳动强度低，交叉作业方便有序；

（3）每道工序都可以像设备安装那样检查精度，保证质量；

（4）施工现场噪声小，散装物料少，废物及废水排放少，有利于环境保护；

（5）施工成本降低。

4.2　装配式构件的智能工厂

"工业互联网""工业 4.0"都提出了要实现智能制造，而智能生产是智能制造的主线，智能工厂是智能生产的载体。"工业 4.0"从客户需求出发，立足定制化生产，通过智能工厂将"人、机、料、法、环"紧密相连、融合，实现智能生产。智能生产线的生产关于什么时间生产、如何生产、该如何处理参数、被运送到哪里，都十分清楚；且对"人、机、料、法、环"进行数字化和虚拟化，打破了原有的纸质文档的产品描述。

4.2.1　智能工厂的定义

"工业4.0"背景下数字化、智能化改变着制造业的生产模式和业态，"智能工厂"将是必然趋势，而其核心就是纵向、横向整合资源。将专家的知识融入设计、制造（建造）过程，并引用智能化装备，从而实现拟人化制造。制造过程具有一定的判断和自适应能力，以提质增效，并可减少制造（建造）过程中的能耗，促进产业可持续发展。以此为背景，《"十四五"建筑业发展规划》详细分析了信息化面临的整体态势，是指导今后一个时期行业信息化工作的行动纲领。

所谓的智能工厂即是实施全流程智能化改造，将智能传感器技术、工业无线传感网技术、国际开放现场总线和控制网络的有线/无线异构智能集成技术、信息融合与智能处理技术等融入生产的各环节，并与现有的企业信息化技术融合，实现复杂工业现场的数据采集、过程监控、设备运维与诊断、产品质量跟踪追溯、优化排产与在线调度、用能优化及污染源实时监测等。

数字化工厂以全寿命周期的数据为基础，利用计算机技术对整个生产过程进行仿真、评估和优化，并扩展到整个产品生产过程。如图4-1所示，要建立信息化的工厂，工厂的信息化建设应达到数字化管理的需求，通过MES系统的建设，整合已实施的ERP、物联网系统、PDM系统、CAPP系统等，打通横向信息集成，打通信息系统与物联网，实现纵向信息集成。把信息化平台整合为企业级数字化工厂，改进车间布局、设备升级、自动化改造，以达到智能制造的目的。

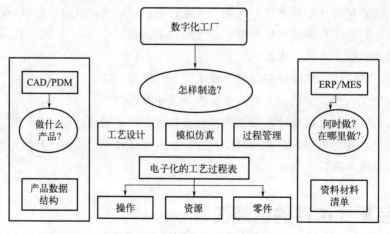

图4-1　数字化工厂示意图

4.2.2　智能工厂的建设思路

（1）更透彻的感知

采用多样化的感知方式，手势、表情、语音、肢体动作都能够被追踪且感知，且所感知的数据可以应用于企业各层级的决策活动。例如，建立在信息物理系统上的以人为中心的"智能工厂"辅助系统，通过一些辅助工具，如自适应故障诊断辅助工具、位置维护和规划辅助工具、虚拟现实工作流程辅助工具等，指导企业各级层的决策活动。

（2）更广泛的互联互通

"智能工厂"就是通过信息物理系统形成智能网络，使得产品与设备、不同设备之间，数字世界和物理世界能够互联，保持数字化的交流。传统生产模式下，信息交流只能发生在本车间的工人及与其有业务往来的工人之间以及工人与本工位机器之间。而"工业 4.0"模式下，信息可以在任何机器间交互，打破了人与机器信息灵活交互的壁垒，人与机器构成信息交互网。更广泛的互联互通主要体现在：

① 设计与生产的互联：工厂生产对 BIM 模型信息的自动读取，或通过 BIM 模型转换为工厂生产所需的 BOM 表，BIM 信息直接导入工厂生产管理系统，实现工厂物料采购、排产、生产、储运的信息化管理，加工设备实现对设计信息的识别和自动化加工。

② 客户端和服务器的信息交互：利用可扩展的信息层次结构，实现信息模型之间的交互操作。模型中涵盖了传感器、控制器和编码器所产生的各式数据以及报警、预警等各种历史信息。衡量交互程度的关键指标主要有集成 RFID 的百分比、实时可用的关键路程数据的百分比。

（3）更深入的智能化

"智能工厂"具有高度的灵活性。工业化的建造流程可以归纳为：设计单位完成方案及深化后的图纸；工厂拆分预制构件，完成构件图、制造图等深化设计，制造、运输；施工单位完成吊装、装配等施工。

4.2.3　智能工厂的建设框架

数字工厂将制造中的不确定因素降低，依托数字空间优化制造过程，提高系统的成功率和可靠性，缩短从图到品的转换时间，简单来看就是数字化设计和数字化制造的深度融合。建立数字化制造平台，实现设计数字化、生产装配数字化、管理数字化，实现各子系统无缝对接。通过生产管理系统和装备控制系统的互联互通，实现构件生产线、物流系统的全自动化，最终实现生产的智能化。

（1）从智能机器到智能工厂

① 智能机器

机器是制造的工具，既能创造财富也能生产所需的产品。人类文明和技术进步都伴随着生产工具的升级——愈来愈高效、智能和可控。如数控技术利用数字信号对机床运动及生产过程进行控制，让机器在一定的程序下自动运转，实现机器运行的自动化。

机器的智能化是自动化技术的延伸，自动化意味着机器能够按照设定的程序运行，人可以控制机器，而智能化则意味着机器具有一定的"智慧"可以进行决策。当单台机器、单条生产线的自动化水平达到一定程度，可把机器连成网络，利用集成技术，形成可以交互运行的生产系统。机器智能化可解决复杂的生产任务处理问题，解决人际交往的问题，机器能够听从人类的各项指令。可见，智能机器就是综合利用计算机、网络通信、自动控制、人工智能等技术，利用物联网将物和机器进行智能化连接，来取代人类劳动的复杂系统。

智能机器在制造过程中进行智能辅助决策、自动感知、智能检测、智能调节和智能维护，从而构建高效、优质和低耗的多目标优化运行程序。智能机器嵌入了直线或者旋转光栅尺、温度热电偶、振动传感器、声发射传感器等，这些传感器能够采集加工中的振动、温度、切削刀等制造数据，并将数据传送给数控系统。

② 建筑机器人

建造过程横跨"工厂"和"现场"两个地域。"数字工厂"建立"建筑智能化生产系统"，"工厂"内通过网络化分布实现建筑的定制化生产；"现场智能建造"通过智能感知、检测及人机交互将机器人、3D打印等技术应用于现场，通过工厂与现场的互联实现高度灵活、个性化的产业链。

③ 基于CPS的建造系统智能化

工业物联网将智慧机器、智慧物料、智慧产品、人以及数据连接起来，实现了人、物、组织、系统的互联与协作。物联网可以突破企业边界，促使企业连接疏通好上、下游和客户之间的关系。通过物联网的感知和交互，实现全过程、全产品、全方位的监测。

④ 智能工厂

智能工厂是支持分布式网络制造的虚拟工厂，可以实现人、机器和资源的互相沟通协作。智能工厂与智能生产线、智能物流、网络相对接，处理什么时候制造、哪组参数处理生产过程、生产后传送到哪里等诸多问题。

(2) 智能生产管理

当今时代，生产管理趋于复杂，且摒弃经验理论而转向科学验证，不再仅仅关注个别操作工序、单一机床。系统论、信息论、控制论推动了管理的现代化，数学方法和计算机成为生产管理现代化的强有力手段，革新了数学模型和解析方法。如库存管理方面，有确定性库存模型、随机性库存模型、库存管理策略模型；生产过程的时间组织方面，有各种作业计划模型、作业排序模型、网络计划模型。

智能工厂和智能生产，通过传感器和物联网紧密连接现实世界，将网络空间的高级计算能力有效运用于现实世界中，从而在生产制造过程中，通过传感器采集与设计、开发、生产有关的所有数据并进行分析，形成可自律操作的智能生产系统。

4.2.4　智能工厂模型

"智慧工厂"的模型构建主要包括：高技术组成、精益生产和模块化。

（1）高技术组成

智慧工厂由大量的智能设备组成。引入计算机数控机床、机器人以及配套智能物流仓储系统，把人与物、物与物之间紧密相连。利用传感器、智能控制系统、通信设施，建立物理信息系统（CPS）形成智能网络，把设备、工厂、供应商、产品、终端紧密相连。让设备之间，数字世界和物理世界互联。

关键技术体现在：

① 渗透于各个领域的 IT 技术，如何实现集成；

② 纵向和横向的信息互联；

③ 软件平台的开发与利用；

④ 辅助系统和标准化技术。

（2）精益生产

以业务、产品为引领，不断改革创新，构建适合智能工厂的生产管理模式，改善原有的设备运维和预防维修模式，实现工厂对设备的精益管理。弱化生产中的质量波动，规范厂内产品的质量、成本、协调，最大限度地保证计划有效。

（3）模块化

不同生产线互联后组成智能车间，智能车间组成智能工厂，根据业务需求，组装不同模块，也就是把复杂问题自上而下划分为若干模块的过程，每一模块单独反映其内部特征。

4.2.5　装配式构件工厂

装配式建筑（PC）构件工厂可分为固定式 PC 工厂和游牧式 PC 工厂。

4.2.5.1　固定式 PC 工厂

装配式混凝土建筑的预制构件主要在预制工厂中完成制造生产。当前主流装配式构件的生产方式，是在远离建筑工地的固定式 PC 工厂内预制完成，然后通过 PC 构件运输车运输至施工现场进行装配施工。工厂选址的五大要求：合法、经济、安全、方便、合理，同时也要考虑工人日后生活的方便性，考虑民风民俗。

PC 工厂整体由构件生产区、构件成品堆放区、办公区、生活区、相应配套设施等组成，厂区规划中有 PC 生产厂房、办公研发楼、公寓餐饮楼、成品堆场、混凝土原材库、成品展示区、宿舍楼、试验室、锅炉房、钢筋及其他辅材库房、配电室等。

构件生产车间由 PC 构件生产线、钢筋加工生产线、混凝土拌和运输系统、高压锅炉蒸汽系统、桥式门吊系统、车间内 PC 构件临时堆放区、动力系统等组成。为快捷建厂、快速投产，当前 PC 工厂一般采用大跨度单层钢结构厂房设计，厂房结构要紧凑简单，并预留一定空间为生产发展及技术革新等创造有利条件。

装配式建筑因其品质高、施工速度快、节能环保等优点得到国家大力推荐，PC 构件主要在固定工厂中完成。固定台座法、长线台座法和机组流水法是最常用的三种预制构件制作方法，也即生产工艺。

（1）生产线简介

目前，国内成熟的自动化生产线均采用从动轮与电动轮来支撑、驱动整张模台进行运转的流水线生产方式。将预制生产中的各个工序分布到各个工位，并配置相应的机械设备和机具，人工操作或提前输入图纸和指令，人工辅助完成或自动识别完成工作内容。国外的 PC 生产线自动化程度也普遍较高，大量机械手被应用于模板组装、构件搬运等环节。

（2）生产线的布置原则

生产线之间布置应贯穿精益生产的理念，做到如下原则：

方便流程原则：各工序有机配合，实现流水化布局。

最短距离原则：减少搬运，避免流程交叉。

平衡均匀原则：确保工位之间资源配置、速率配置平衡。

固定循环原则：固定工位，减少无价值活动。

安全合规原则：电气设备的安装、高压蒸汽条件下元件保护，模台运行、物体起运要设安全保险装置。

经济产量原则：适应最小批量生产，尽可能利用车间空间。

柔韧性的原则：对生产线预留柔性发展空间。

硬件预防的原则：从生产线硬件设计与布局上预防错误，减少生产上的损失。

（3）国内生产线的提升方向

① 提升工厂生产自动化程度

构件生产线大量设备需人工配合，如布料机等；钢筋生产线为单一钢筋设备的简单堆积，如图 4-2 所示，需大量人工进行半成品钢筋绑扎；设备单体配合工艺不足，技术研发不够。设备联动性差，行业内无相应的设备产品标准。

② 提升构件生产信息化应用水平

生产设备还未实现信息化操控，工厂生产信息化管理系统还不成熟，未能与 BIM 设计信息相关联协同。画线定位、模具摆放、混凝土浇筑振捣、养护、翻转起吊等一系列工序仍需人工辅助作业，如图 4-3 所示。

图 4-2　钢筋设备简单堆积　　　　图 4-3　人工辅助作业

③ 提升生产与设计、施工的协同性

商务人员需手工将设计图纸统计为商务表格，工作过程比较复杂烦琐，易发生错漏，并且数据生产、质检过程中需先以纸质方式记录，再人工二次录入。设计图纸更新与生产脱节。

生产计划与订单脱节，订单改变后或施工任务变更后，生产计划更新不及时。

④ 提升生产计划管理水平

预制构件生产过程，对于总计划、月度计划、周计划，基本根据计划员过往的经验和现场的施工进度来判断，计划管理工具落后。当订单多、构件类型分散时，易造成供应链不畅，表现在对物料、模具、设备、人员等生产资料的准备不足或过量，影响产能或资金周转；构件库存急剧增加，增加构件出入库管理难度。

⑤ 加入有效的预制构件生产全过程质量管理工具

目前各工厂普遍采用填写预制构件生产隐蔽工程检验和成品检验单的方式进行质量记录，易出现质量问题，且质量问题无法进行准确追溯与统计分析。

PC 生产线能够大批量地生产装配式构件，高度自动化的流水线带来了产品固定的问题，可以用于生产叠合楼板、实心墙板，与我国装配式构件的需求有很大出入。

（4）装配式构件生产线的分类

半自动化生产线：半自动化流水线包括混凝土成型设备，但不包括全自动钢筋加工设备。半自动化流水线实现了图样输入、模板清理、划线、组模、脱模剂喷涂、混凝土浇筑、振捣等的自动化，钢筋加工和入模仍然需要人工作业。

全自动智能化生产线：生产中依靠各种机械，利用信息手段完成工业化生产。根据安装工艺需求依次设置操作工位，通过计算机中央控制，在生产线上依次完成各道工序。已成型的构件连同底模进养护仓，直至最终脱模，完成自动化生产。如两条欧洲最先进的全自动叠合板生产线——EBAWE、VOLLERT；为了达到智能化的目的，常采用的中控系统——MES、EBOS。

构件自动化生产线：其流水线包括：托盘流水线、边模流水线、钢筋流水线、混凝土流水线、信息和控制流水线等。托盘流水线布置了生产过程中的大部分工艺过程，包括托盘清洗、划线、置模、预埋件放置、布料、抹平、养护、脱模等工序。边模参与大部分的工艺，边模流水线也是重要的保障。钢筋流水线含钢筋矫直、切断、绑扎、焊接成型等。混凝土流水线涵盖原料仓储、配比、搅拌、布料、抹平、养护、脱模等工序路线。信息和控制流水线是实现上述工艺的中枢神经，包含配料搅拌、布料密实、养护、机械手划线放置模等的信息与控制。中央控制系统用于整个流水线循环过程，对生产进行有序安排和控制，实现数据和运输过程的优化，故障信息自动检测和传输，所有信息汇入中央控制中心，并通过指令控制各个工艺。

装配式构件自动化生产线（图 4-4）是指按生产工艺流程分为若干工位的环形流水线，工艺设备和工人都固定在有关工位上，而制品和模具则按流水线节奏移动，使预制构件依靠专业自动化设备实现有序生产。与传统混凝土加工工艺相比，全自动装配式构件生产线具有工艺设备水平高、全程自动控制、操作工人少、人为因素引起的误差小、加工效率高、后续扩展性强等优点。

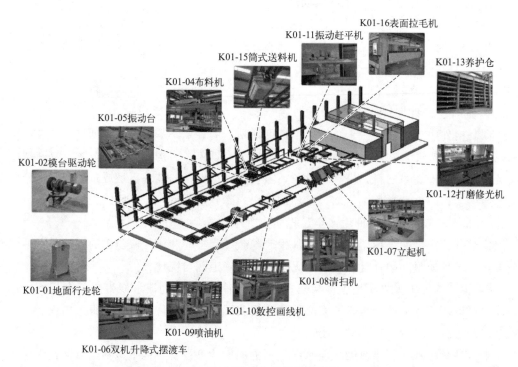

图 4-4　自动化生产线工艺设备

固定模台工艺：混凝土制品在固定台座上进行生产的一种工艺方法。固定模台指加工对象位置固定，如特制的地坪、台座等，而操作人员按不同工种依次在各个工位上操作的生产工艺，如图 4-5。固定模台也被称为平模工艺。制品在一固定台位上完成清模、布筋、成型、养护等全部工序，制品在生产全过程保持位置不动，而操作人员、工艺设备和材料则顺次由一个台位移至下一个台位。台座两侧和下部设置有蒸汽管道，混凝土制品在台座上成型后，覆盖保温罩，通入蒸汽进行养护。固定模台工艺一般用于生

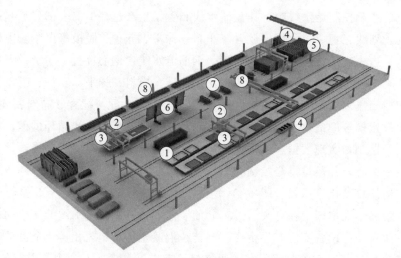

图 4-5　固定模台工艺布置示例

1—模台；2—布料机；3—抹平机；4—构件外运车；5—成组立模；6—倾斜台；7—楼梯模具；8—梁模具

产内外墙板、楼梯及其他一些工艺复杂的异形构件等。

固定模台生产线车间的主要设备包括双梁桥式起重机、提吊式布料机、混凝土运料小车、成组立模、楼梯、阳台、空调板等各类生产模具和成品运输车。

4.2.5.2　游牧式 PC 工厂

游牧式 PC 工厂也可称为"柔性预制厂"，是设在施工现场的 PC 构件预制工厂，强调可移动、可拆卸，也称为临时预制构件厂。一些超宽、超高的大型 PC 构件，通常采用游牧式工厂预制生产。游牧式 PC 构件厂构件生产流程见图 4-6。

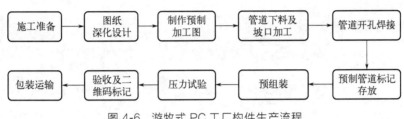

图 4-6　游牧式 PC 工厂构件生产流程

游牧式 PC 构件工厂的优点：设备循环使用，便于迁移拆除，更加绿色环保；信息沟通仅限于企业内部，减少因信息沟通而带来的各种矛盾，生产效率大幅提升；工厂建设在施工现场附近，运输成本大大减少，但是此种方式能够生产的 PC 构件种类较少，产能不够理想。

（1）游牧式工厂设置原则

根据预制构件数量及施工进度计划确定工厂规模，满足需要即可。

工厂的地质条件应满足预制场地的承载力要求。其中预制台座、堆场对地基要求较高，应选择地质条件好或者易于改造的场地。

根据施工工地上空余场地的大小，因地制宜、灵活多变地布设游牧式工厂，兼顾构件的临时存储。将预制构件的模台建在塔吊辐射范围内，可大大节省构件的运转成本。

根据施工现场装配计划进行构件的预制生产，尽可能随预制随养护随安装，减少临时堆场的存货量。

游牧式 PC 工厂分为预制区、存放区、搅拌站（或采用商品混凝土）、钢筋制作区、仓库等不同区域。办公区与生活区可与其他区域协调布置。根据项目所在位置及加工厂的设置定位，选择合适的加工厂位置。加工厂的布置以满足加工需求为宜。装配式加工厂平面布置示例见图 4-7，装配式加工厂厂房示例见图 4-8。

（2）构件生产时需要考虑的因素

构件设计拆分：拆分时需要考虑设计荷载，还应考虑吊装、施工等荷载及现场施工工艺和垂直运输的起吊能力等。

生产设备的确定：确定需要的台模或其他可移动模板的类型、数量。

场地总平面图布置：根据平模传送流水法布置场地，操作人员和设备固定在工位上，构件按照统一节奏进行制作，直到养护、脱模完成，最后吊出，码放。

装配式加工厂平面布置图

图 4-7　装配式加工厂平面布置示例图

图 4-8　装配式加工厂厂房

（3）PC 构件施工工艺

长条形固定模位法。现场场地宽阔平整时，可采用长线台座预制生产构件。每跨龙门吊下设 2～4 条长条形固定模位，在跨中设车辆通道，预制区与存放区紧邻。

方块状模台固定模位法。场地狭窄时采用方块状固定模台，可利用龙门吊、汽车吊辅助模板组装、混凝土浇筑、构件吊运，可灵活布设 PC 构件临时存放区，如图 4-9 所示。

模台设计、养护及装运。采用定型钢模台或混凝土台座加贴钢板作为构件预制底模。

根据预制构件生产季节的不同、施工进度计划的安排，采用覆盖洒水、喷洒养护剂、养护罩蒸汽养等不同的养护方式。现场设移动式翻板机、满足外墙板、内墙板等薄板构件的起吊要求。因场地运输距离短，一般采用改装平板车进行构件的水平运输。

图 4-9 方块状模台固定模位法

4.3 装配式构件的智能生产工艺

4.3.1 装配式构件的生产简介

PC 构件的生产过程是装配式建筑建造过程中的关键一环，同时也是推动建筑工业化的技术基础。装配式建筑预制构件的生产阶段与运输阶段都属于预制构件的供应链范畴，预制构件生产、运输、装配等 9 道工序流程，详见图 4-10，生产流程详见图 4-11。

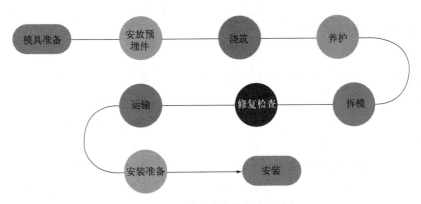

图 4-10 装配式构件生产工序

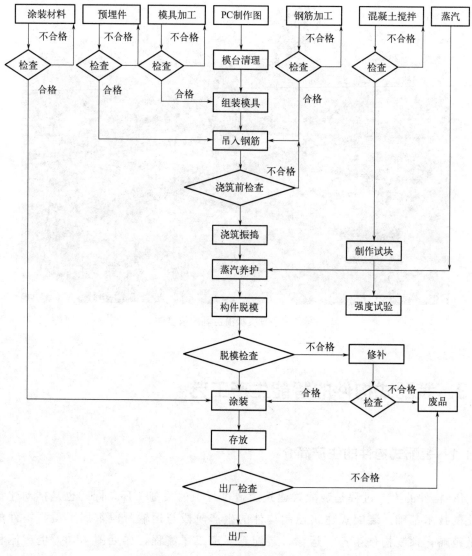

图 4-11　工厂化构件生产流程

4.3.2　装配式构件的生产线

信息技术对于预制构件的生产管理极为重要，但是不同建筑物对于构件的要求不同，且构件类型和数量较多，加大了管理的难度。生产线是通过传送系统和控制系统，将数控机床和辅助设备联结起来，自动完成产品制造过程的生产系统，包括不同功能模块、传感器、电磁阀及接口等。

生产线是产品生产过程经过的路线，是从原料进场开始，到加工、运送、装配、检验等一系列生产活动所构成的路线。生产线伴随着产品的生产，按照特定的程序，完成预制构件的批量生产过程。每一块预制构件从生产指令下达开始就产生唯一的二维码信息，将芯片置于预制构件的混凝土中，利用互联网、5G 技术，实现流程的高效运转。

下面对生产线进行介绍：

（1）中央控制器

中央控制器包括终端设备与显示器。终端设备负责接收车间传输来的生产大数据，显示器用于各种状态的显示。车间内配置现场终端，用于数据的采集、分析、远程管理、动态信息可视化等。现场终端可以清晰方便地查看用户的各项状态。

（2）数控机床

数控机床是装有程序控制系统的自动化机床，能够处理控制编码或其他指令，按照图纸要求的形状和尺寸，自动化地加工构件，既能保证产品质量又能保证形状的精确。

（3）机械手

① 放线机械手：根据预先输入系统的预制构件参数，在模台上划出线，为组模机械手自动组模提供定位参照。

② 组模机械手。在已划线的模台上自动安装模具。

③ 边模库机械手。将已清洁干净的边模按品种规格自动放入库位或从库位中自动取出合适的边模。

4.3.3　自动化混凝土搅拌站

混凝土搅拌站选用全自动搅拌设备，预制构件厂根据生产规模选择与生产能力匹配的搅拌主机。预制构件生产用混凝土由混凝土搅拌站制备输送。混凝土搅拌站主要由物料储存系统、物料称量系统、物料输送系统、搅拌系统、粉料储存系统、粉料输送系统、粉料计量系统、水及外加剂计量系统和控制系统以及其他附属设施组成。目前国内外搅拌站使用的主流搅拌机是 JS 双卧轴强制式混凝土搅拌机，它可以搅拌流动性、半干硬性和干硬性等多种混凝土，详见图 4-12 和图 4-13。

图 4-12　搅拌站操作系统

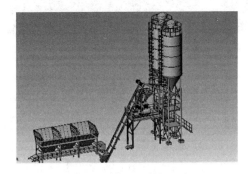
图 4-13　全自动搅拌设备

搅拌站的材料计量应采用自动计量设备，计量设备应定期检定或校准。搅拌系统保存不少于 3 个月的配料记录，并应能随时调阅和打印。

4.3.4 生产线中的主要设备

装配式构件按照生产流程分为构件生产、构件养护、构件检查、构件堆放等流程。按照工程类别可以分为：钢筋工程、模板工程、混凝土工程和构件检修工程。

国内预制构件的生产工艺较为成熟，厂房的布局相差不大。厂内采用平模流水工艺，U 形布局符合产品的制造工艺，减少各工作站的距离，缩短物料移动的距离，是国内较为先进的生产系布局形式。但此布局可能出现一处生产有阻塞，整条生产线进度变慢，甚至作业停滞的问题。

数控机床是生产线上最重要的设备，数控机床可以控制机床的动作、按照所要求的形状和尺寸，自动化地加工构件。数控机床能够在软件的支持下优化切割布局，既能满足二维图纸的要求，也能最大化地提高效率和减少浪费。利用软件生成构件的制造图纸，导入数控机床进行制造和生产。自动化程度高的流水线边模采用磁性边模，自动化程度低的流水线边模采用螺栓固定边模。磁性边模适合全自动化作业，由机械手组模，但是边侧出筋较多且无规律的楼板或墙板无法适用。

生产线上常用的设备及其主要作用如下：

（1）翻板机（图 4-14）：将模台侧翻至一定角位，使模台上成品脱离，用行车吊运至相应点。

（2）横移车（图 4-15）：主要用于模台在流水线间的横向移动，实现模台跨线移送作业，调度生产线的物流流通。

图 4-14 翻板机（侧翻机）

图 4-15 横移车（摆渡车）

（3）模台清扫机（图 4-16）：清扫滚筒自动平稳升降，下端自带刮板以及垃圾废弃物回收料斗，配有工业用脉冲除尘器，确保模台工作面干净整洁。

（4）划线机（图 4-17）：绘制边模、孔洞位置划线清晰、准确、迅速。

（5）喷抹机（图 4-18）：在模台工作平面喷洒脱模剂，喷雾为扇状，喷洒均匀。

图 4-16　模台清扫机

图 4-17　划线机

图 4-18　喷抹机

4.3.5　钢筋加工自动化

传统混凝土工艺中钢筋的费用、工时耗费占 40%～50%，制作过程中依赖大量的钢筋技术工人对钢筋实施剪切、弯折、绑扎，不同工人之间技术差异较大，质量管理困难，且钢筋摆放较乱，如图 4-19 及图 4-20 所示。因此，人的技术水平、安全是必要的考虑因素。

图 4-19　手工加工钢筋

图 4-20　钢筋摆放

（1）智能化钢筋加工生产线

按照加工方式的不同，钢筋加工设备一般可分为自动化加工设备和半自动/手动加工设备。钢筋加工设备包括智能钢筋弯箍机、智能钢筋调直机、智能钢筋桁架机、智能钢筋焊网机、钢筋对焊机。智能化钢筋加工生产线采用高度智能化控制，二维码扫描输入技术，产能是传统的5～7倍，采用伺服电机数控技术，钢筋的尺寸和形状都能够很好地满足要求，和钢筋管理软件对接，保证钢筋的成品率。

（2）钢筋加工常用的设备

① 钢筋调直与切断设备：对于盘条钢筋的调直与切断，目前多数采用数控钢筋加工设备完成，如图4-21所示，该设备应用了电子控制仪，实现了钢筋调直切断自动化，控制准确，操作安全。对于直条钢筋的切断，主要采用钢筋切断机，如图4-22所示。

在钢筋切断过程中，如发现钢筋有劈裂、缩头或严重的弯头等必须切除。钢筋的端口不得有马蹄形或起弯等现象。

图 4-21　数控钢筋调直切断设备　　　　图 4-22　钢筋切断机

② 多功能弯箍机：具有箍筋加工和板筋加工两个功能。在调直切断机的基础上衍生的全自动板筋生产线，把数控弯曲中心功能集成到生产线中，可同时实现调直切断和板筋弯曲。目前，可以利用机器制作一笔弯折2D箍筋，自动钢筋笼技术可以制作3D连续方螺。弯折的箍筋是垂直向下生产的，可以制造一笔箍与连续一笔箍。

我国的箍筋以盘螺为主要原材料，钢筋加工后存在扭转、弯曲、异面，弯曲的中心通常够不着外侧的箍筋，导致废品率较高。弯箍机采用伺服的电机数控技术，可以提高效率、保证尺寸和形状，角度可以控制在±1°以内。

③ 桁架机：桁架机可实现钢筋的划线、矫直、弯曲成型、焊接、成品收集、码放等全部自动完成。钢筋桁架生产线是集钢筋盘条放线、钢筋矫直、侧筋折弯、焊接成型、自动剪切、成品集料于一体的全自动化生产线，可生产钢筋桁架楼承板用钢筋桁架，也可生产装配式建筑PC钢筋桁架，广泛应用于楼房建筑（预制楼承板）、高速铁路（双块式轨枕）建设等领域。

（3）智能化钢筋焊接

包括全自动钢筋网片焊接生产线和全自动钢筋桁架焊接生产线两种。电焊钢丝网技术常被用于楼板及墙板的钢筋加工，能够提高钢筋作业效率及稳定性，是钢筋加工自动化的一大主力。钢筋网片焊接机（图 4-23）能完成钢筋调直、布筋、焊接、剪断、抓取入库等作业，可加工直径为 5～12mm 的钢筋。

图 4-23　钢筋网片焊接机

　　预制构件的主筋采用人工焊接，焊工持证上岗，焊接质量、焊接接头等必须按照规定抽样送检。预埋件的位置及偏差也要符合规范要求。

　　对于一个预制构件厂而言，钢筋管理中的难点包括：准确无误的下料表、钢筋合理下料、半成品的管控、尾料的合理化使用等方面。企业自主研发构件信息管理系统，在钢筋管理模块可以自动调出每天下料任务单、材料领用单，系统可以优化下料方案和长度，优化尾料管理，减少钢筋的损耗，起到降本增效的目的。

4.3.6　入模自动化

　　混凝土入模分为如下三种情况：

　　（1）喂料斗半自动入模：凭经验或计算混凝土量，人工操作布料机完成混凝土的浇筑，这是国内流水线最常用的混凝土入模方式。

　　（2）料斗人工入模：常用于异形预制构件的混凝土浇筑，通过起重机移动料斗完成混凝土浇筑。

　　（3）智能化入模：计算机输送信息给布料机，布料机自动识别图纸及模具，完成机具的移动和布料，遇到预留洞口时，布料机自动关闭卸料口。

　　自动流水线包括如下机械：

　　（1）混凝土运转布料一体机（详见图 4-24）：用于向混凝土构件模具中均匀定量地进行混凝土布料。布料机采用"控制台＋遥控"的控制方式，可以实现自动称重并反馈用料需求，同时与鱼雷罐联动；如果出现超时未卸料将自动报警，遇到障碍可以自动停车；带有装备故障自诊断系统，使用完毕后自动清洗。布料机控制器留有与其他控制器或者中控系统、MES 系统的以太网通信接口，以实现数据交换。

图 4-24　混凝土运转布料一体机

（2）振动台：振动台用于振捣完成布料后的周转平台，将其中的混凝土振捣密实。详见图 4-25。

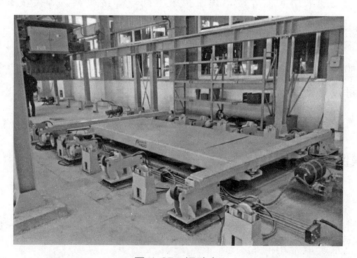

图 4-25　振动台

（3）刮平机：将布料机浇筑的混凝土振捣并刮平，使得混凝土表面平整。详见图 4-26。

4.3.7　智能蒸汽养护

养护对预防混凝土构件表面早期开裂、保证强度十分必要。若出现养护不到位、温差应力过大会导致混凝土产生内外部裂缝，影响构件的使用。智能蒸汽养护即采用可快

图 4-26　刮平机

插快拆的蒸汽管路、支架及养护篷布，实现就地养护，力求满足 24 小时一班组模、浇筑、养护、脱模轮班生产的要求。蒸汽养护流程为：预养护-升温-恒温-降温。详见图 4-27。

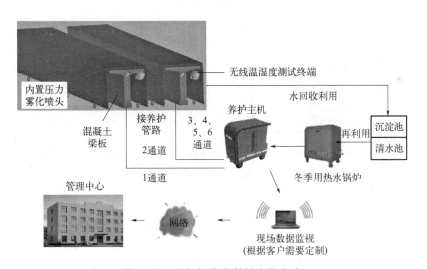

图 4-27　现场智能化养护实施方案

　　智能化蒸汽养护系统由养护系统主机、养护系统从机、无线测试终端、养护终端等四大部分组成。养护系统主机内置的中央处理器根据养护终端内无线终端反馈的温、湿度条件自动分析判断并控制蒸汽产生器（主、从机均带蒸汽产生器）往养护终端内输送蒸汽保温、保湿。无线测试终端每 60s 将温、湿度测试数据反馈至系统主机中央处理器。通过设置系统主机中央处理器和在养护终端内或混凝土表面设置的无线温湿度传感器，根据监测的温湿度条件实时对暖棚内温度进行调整，可实现全过程自动恒温恒湿养护，最大限度减少人为不确定因素的影响。中央处理器进行监测数据的处理与蒸汽输送自动控制，并通过人机交互界面进行数据的显示与工艺参数的设置。针对不同的养护阶段实时控制通蒸汽的时间，准确控制蒸汽量。避免出现因表面温度过高引起的"结壳"、开裂等问题。构件养护分为升温阶段、保温阶段和降温阶段，热量需求最大的是升温阶段。

养护窑控制柜由可编程逻辑控制器（PLC）和工业专用温度控制器、多点温度传感器、湿度传感器、多路数字和模拟信号输入模块组成。接收到上位机的工艺参数后，可自行构成闭环的控制系统，根据布置在养护窑内的多点的温度传感器采集的不同位置的温度信号，自动调节蒸养阀门，使蒸养窑内形成一个符合温度梯度要求的、无温度阶跃变化的温度环境。

浇筑完成的构件蒸汽养护 12 小时后就可以被吊装到半成品堆放区。传统养护方法的养护时间、温湿度、用水量都需要人工控制，养护的效果好坏与工人的责任心关联紧密，因此造成养护作业效率低。而采用智能养护养护完成后，对养护数据进行采集，形成详尽的数据报表，提高了效率。

智能养护关键技术原理：

（1）可扩展多终端装置与大数据的交互处理

每台养护仪 6 个通道，可同时养护 5 片混凝土构件，每片构件安装一台测试发射终端，测控系统同时对每片构件表面及周边温湿度进行监控。测控系统对每个构件数据进行判断分析，控制中心驱动养护仪器管路进行养护，如图 4-28。

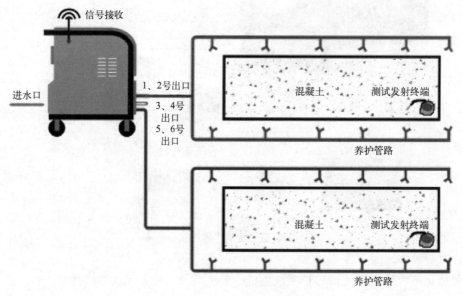

图 4-28　智能养护的工作原理

（2）无线湿温度测量

构件表面附着无线湿温度传感器，信号定时通过无线方式发射回控制主机以检测构件表面的真实温湿度，根据检测数据判断是否启动喷淋系统，调节构件表面温湿度值，见图 4-29。信号发生频率为 3～5s/次。引入网络化温湿度检测技术，通过对混凝土温湿度的无线检测实现对混凝土的全自动智能养护。智能养护可以将人为因素降到最低，通过对温湿度的无线测量有针对性地养护，以此保证构件的强度。

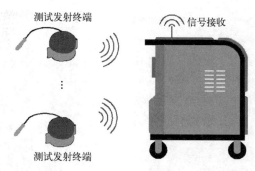

图 4-29　无线湿温度检测示意图

（3）个性化程序设计

通过研究各个地区的气候条件，编写个性化的控制程序。夏季、冬季分别根据季节气候的不同单独编写程序；南方、北方根据不同的地域气候编写不同的控制程序，确保养护质量的稳定性。

用到的主要设备：

（1）预养护窑：流水线自动将构件送入预养护窑进行预养，预养时间及温湿度可调。养护窑可以起到缓存作用，保证生产线正常运行。养护窑是常用的集中养护的方法，窑内有散热器或暖风炉加温，并采用全自动温度控制系统，避免养护时内外温差过大。详见图 4-30。

（2）抹光机：用于构件外表面的抹光。抹平头可在水平方向两自由度内移动作业。在构件初凝后将构件表面抹光，保证构件表面的光滑。详见图 4-31。

图 4-30　预养护窑

图 4-31　抹光机

（3）立体养护窑：由堆垛机将构件送入立体养护窑各养护仓位，窑体外墙用保温材料拼合而成，每列构成独立的养护空间，可分别控制各孔位的温度。"堆垛机＋养护窖"匹配使用，使用时采用热水养护、空气内循环、温湿度自动识别、层位自动识别，可以达到环保节能、温湿度更均匀的效果。详见图 4-32 及图 4-33。

图 4-32　立体养护窖

图 4-33　堆垛机

4.4　装配式构件智能生产管理系统

4.4.1　生产过程数据信息采集

PC 构件在生产线上移动，信息伴随整个生产过程，既包括变化迅速的动态信息，也包括稳定的静态信息。管理信息集成的关键在于"联"和"通"，联通的目的在于"用"。

实现全过程的信息互联与共享，需统一的平台载体，BIM 技术有利于实现设计、生产、施工全过程信息的集成与共享。基于统一的 BIM 平台，按统一的 BIM 信息交互标准和系统接口，实现不同专业软件信息之间的有效传递，避免因交互标准不统一而导致信息传递失真。信息的互通主要包括如下环节。

（1）生产与施工互联

基于 BIM 的现场实时与工厂生产的信息交互共享，实现装配式建筑、结构、机电、装修的一体化协同生产与施工，达到工期缩短、成本可控、质量提升、高效建造的管理目标，实现设计、生产、装配一体化。

（2）BIM 技术与物联网技术的融合互联

在设计阶段，通过 BIM 技术内置部品部件信息编码及二维码形成唯一产品标识，实现结构构件与部品部件从设计、生产到装配相关信息全过程的记录和可追溯。

（3）构件唯一的身份辨识贯穿全过程并驱动生产流程

通过扫码或 RFID 识别构件的唯一编码，进行生产过程的控制。对 PC 构件厂而言，车间信息化是薄弱环节，从接到订单到产品完成这个过程的信息必须得到及时更新才能指导生产，迅速判断生产与需求之间的关系。RFID 技术应用于采集构件生产数据，可以结合工业互联网、移动设备建构构件生产智慧管理系统。结合生产车间信息采集的内容，可以分为 4 个模块：基础数据管理模块、生产管理模块、信息查询模块和系统管理模块。

PC 构件生产过程数据类型包括：员工信息、工装信息、模具信息、模台信息、工艺信息、物料信息、设备信息、构件信息、生产进度信息、构件质量信息等。在车间内，通过二维码、条形码技术，对构件生产过程中的信息进行采集，实现车间内无纸化信息传递。

构件到场后，通过扫码或 RFID 识别构件的唯一编码，直接查看构件的基本信息、图纸、产品合格证、BIM 模型，并在进场检查无误后接收，不合格直接单击"退库"，生产系统立即接收到退库指令，进行构件的退库处理。安装时，可查看构件的技术资料、图纸、BIM 模型、安装教学视频等信息指导施工，安装完毕后单击"安装完毕"，构件状态在形象进度中实时更新。

（4）以算法代替人工，云计算代替人脑

生产计划通过算法结合订单要求、各类资源情况自动排产。自动下达构件生产任务、钢筋笼生产任务、混凝土搅拌站任务、物料采购计划、模具加工任务等，通过 MES 与消息提示方式驱动生产过程。自动将构件拆分成各类材料，并且系统自动计算材料用量，加入材料限额预警功能。堆场自动计算分配构件位置，智能化定位查找。移动端填写质量检验表单，合格后方可进入下一道工序，移动端与系统联动，实现质量检验信息实时反馈。

4.4.2　智能生产的 EPR 系统

物料需求计划（manufacturing resources）和企业资源计划（enterprise resource planning，EPR）都属于企业资源计划管理系统，EPR 是目前普适的集成资源管理与供应链管理手段。EPR 系统中可以实现企业物流、信息、财务、人力等各方面的流程化管理，比如能够实现不合格品审核流程。EPR 系统具有统一性、集成性、实时性、开放性。

装配式指挥生产中利用 BIM-ERP 信息化管理应用的优势，从两个层面来看，一是 BIM 信息化模型的构建，保证设计、生产、施工和商务协同发展；第二就是构建 BIM-ERP 信息化平台的技术支持，涵盖 ERP 系统、物联网、云计算和移动互联网，将 BIM 技术和 ERP 管理系统深度融合，在此基础上对各个环节进行相应的配置。

构件厂的信息化建设要求涵盖基础管理、业务运行和战略管理，若采用 EPR 进行信息化管理，可以优化流程和环节，缩短货物运输与存储周期，降低库存浪费，便于采购流程追溯，实现精细化的生产。

BIM 和 EPR 的结合使用可以提升装配式建筑设计和生产效率。

（1）设计时，将建筑建设结构、设备、装修一体化设计，以便提升建筑总体性能。为了达到一体化设计，在 BIM 中创建一个标准化的族库，并结合信息类别，划分为不同的子族库，将信息归类后上传至平台，供设计人员翻阅和评价。

（2）生产时，装配式构件生产信息录入软件操作系统，自动识别后将实现材料、搅拌、入模等操作，提高施工效率，同时还可以进行施工模拟。

4.4.3 智能生产的 CPS 系统

信息物理系统（CPS）是使用数字化技术，将物理实体抽象为数字对象，通过网络技术、人工智能实现对象间的通信与控制。

信息物理系统，是信息与物理领域的高度交叉与整合，是实现智能制造的基础，能够加强环境感知、建造工艺、材料性能等因素的信息整合。通过智能感知与机器人装备，可以实现高精度的建筑工程建造，推动建筑行业向自动化、信息化建造施工方式转变。

信息物理系统使得信息交互更广泛、生产更智能，实现了资源的高度整合与有效利用。信息物理系统可打通建筑业个性化定制与批量生产间的壁垒，从而实现大批量非标准化的定制生产。CPS 构建物理空间与信息空间的相互映射、交互，改变人类与物理世界的互动，将"物理世界"中的比如尺寸、温度、味道等"隐形数据"采集传输到信息空间中变成"显性数据"，可以优化单元机、系统机，实现生产工艺智能化、资材智能化、作业智能化、成本智能化、管理智能化。CPS 的智能化历经"状态感知""实时分析""科学决策""精准执行"，实现闭环赋能体系。

4.4.4 智能生产的 MES 系统

制造执行系统（MES）为位于上层的计划管理系统与基层的生产控制之间的面向车间层的管理信息系统。MES 系统最早应用于制造业，目的是提升物资需求计划（MRP）与车间作业现场控制间的联系，经历了从 T-MES 发展到可集成、智能化 MES 的历程。MES 系统已经成熟应用于烟草、汽车等自动化程度高的产业中，现在也应用于小批量、多品种的离散 PC 构件制造产业中。生产过程中，利用 MES 实现决策层与生产层间的信息交互，从订单下单到产品成型全过程的管理优化，实现计划、生产、检验闭环管理，管理人员可以即刻获得所需数据，进而提高生产效率。

自动化生产线需要配置控制器、传感器、机器人、电机等，顺应生产的发展，PC 构件厂也在积极建立自动化生产线。MES 可以把生产计划和生产过程统一起来，负责收集、传递生产信息，被视为企业计划层和制造车间的中间站。MES、ERP、SFC（车间管理控制系统）可以缩短部门之间的交流距离，构成实时的监控系统。MES 是各种功能的交互过程，包括物料的堆放、生产线的流程、模台字符数据采集、人员管理、进度控制、实时监控等。

PC 构件种类繁多、结构复杂，生产线上加工，采用人工检测无法实现目的，需要采用集机器视觉和 MES 系统的现代化生产车间的识别、管理技术，从而提高生产效率。PC 构件生产线中对 MES 系统的需求如下：

① 生产过程排产需求：依照需求编制滚动的产线计划，以最大限度地节约时间。

② 系统管理需求。为了减少成本，PC 构件采用灵活多变的柔性生产线，并能够进行自动化的工序安排，如何保证调度准确性，如何保证构件质量，如何能够保证相对稳定的生产能力，发生问题能够及时解决，减少浪费，这是 MES 能够解决的问题。

MES 可将生产调度优化，包含派工、管理、养护、检测、设备，达到生产线的动态追踪和可视化管理。随着泛在感知网络技术的发展，使得 MES 对制造过程感知和可视化能力变得越来越强，使得 MES 分析、诊断、优化能力的大幅度提升成为可能，也必将改变部分 MES 标准功能的业务流程；MES 对工业无线技术的支持能力在逐步地加强和提升，MES 与感知网络技术的融合，将使 MES 相关理念进入制造服务业的领域。

4.4.5　智能生产的信息管理

智慧生产信息管理系统目前在某预制构件工厂中得到广泛应用，系统通过 BIM 模型对接设计数据，结合生产情况计划排产，实现工厂资源合理配置，解决供应链不通畅、构件积压等问题。系统打通了设计、生产、施工环节，解决了数据传输问题，并运用云端数据库储存生产过程数据，生成统计分析报表，保证数据的准确性和可追溯性，实现了信息化与工业化融合。

系统与 MES 结合实现系统驱动设备，与 RFID 技术结合实现生产过程控制与堆场管理。智慧生产信息系统极大地降低了现场人力与物资成本，使工厂向精细化管理、信息化管控迈进关键一步。

4.5　装配式构件的智能存储及运输

4.5.1　构件标识

PC 预制构件从下达生产计划、检验出厂、运输至施工现场直至吊装就位，如何有效地排产、运输、吊装是施工组织的一个难点。工厂每天都会生产很多构件，为了不让构件混乱，工人们会给装配式构件编号。为了确保工人不出错，减少施工错误，加快工程进度，可给每个构件都编号（图 4-34），使其拥有自己独一无二的 ID 号，方便对号入座。

构件出厂前和入库后，必须进行产品标识，涵盖构件的重要信息。为了实现构件的无损传递和产品的可追溯性，每个 PC 构件都有唯一的"身份证"——ID 识别码，在同一构件的同一位置置入 RFID 芯片或粘贴二维码，保证信息在生产、运输、存储、施工等环节有序传递。为了实现构件系统管理，构件编码信息应全面录入。获取信息时，可扫描二维码读取信息，或者用 RFID 枪扫描电子芯片。

构件标识应满足如下要求：

① 构件脱模后应在明显部位做构件标识。

② 经检验合格后的产品出货前应粘贴合格证。

③ 产品标识内容应包含产品名称、编号、规格、设计强度、生产日期、合格状态等。

④ 标识必须清晰正确。

⑤ 每种类别的构件标识位置统一，标识应在既容易识别，又不影响表面美观的地方。

图 4-34　构件编号示意

4.5.2　构件存放

存放分为车间内临时存放和堆场存放。

（1）车间内临时存放

① 设置专门的构件存放区

存放区与生产区标明明显的分割界限，存放区存放出窑待检查、修复和临时存放的构件。根据立式、平式要求存放构件，并设置专用支架、专用托架。同一跨车间内利用门吊实施短距离输送，长距离运输时采用构件运输车、叉车端送等方式。

② 存放方式

考虑结构安全、运输吊装的方便，采用不同的堆放姿态。一般来说，混凝土构件存放有平式和立式两种方式：叠合板、预制柱和预制梁采用平式存放方式，墙板采用立式存放方式。构件根据不同项目、楼号、楼层分类存放。为了防止构件起吊时对相邻构件造成损坏，构件底部放置通长方木。不同种类构件采用不同的存放方式，例如叠合板存放时要根据规范要求考虑层数，下部放置通长方木，且垫木设置在桁架两侧，叠合板较薄，必须放置在装运架上才可用叉车叉运，墙板需在专门的竖向墙体存放支架内立式存放。详见图 4-35 和图 4-36。

图 4-35　叠合板存放

图 4-36　内墙板存放

（2）堆场存放

预制成品有专门的区域进行存放，存放时分段、分组排列，每天完成的管线都运输到存放区域，由专人进行登记、标识管理，构件检查合格后，利用专用构件转运车和随车起重运输车、改装的平板车将构件运送至室外堆场分类存放。堆场也需要根据构件种类的不同划分为不同的存放区。通过构件编码信息，关联不同类型构件的产能及现场需求，自动化排布构件产品存储计划、产品类型及数量，通过构件编码及扫描快速确定所需构件的具体位置。构件临时堆场要求：

① 在起重机作业范围之内。

② 场地硬化平整、坚实、有良好的排水措施。

③ 如果构件存放到地下室顶板或已完工的楼层上，须制订加固方案且必须征得设计的同意，楼盖承载力满足堆放要求。

④ 场地布置应考虑构件之间的人行道，方便现场人员作业，道路宽度不宜小于 800mm。

⑤ 场地设置要根据构件类型和尺寸划分区域分别存放。

4.5.3　构件运输

运输是装配式建筑重要的一环，装配式建筑中运输相关的阶段分为：材料运输和构件运输，发生在不同的产业链上。预制构件运输是联系工厂生产和现场装配的重要纽带，需要根据施工安装顺序来制订运输计划，合理的运输方式、路线和次序会极大地提高整体生产施工的效率。

（1）运输路线

PC 构件在运输阶段主要包括以下流程：选定运输车装卸 PC 构件，按照事先规划好的运输流程设计构件存储及物流，而且会直接影响装配式混凝土建筑产业决策。此阶段利用 BIM 与 RFID 结合对建筑构件实施动态进度管理。在运输之前，应利用地图模拟多条运输路线，且对路线途经的限高、限宽进行详细调查，确保车辆无障碍通过。最后筛选出较为理想的 2~3 条路线，选出最合理的一条作为常用运输线路，其余线路可作为备用方案。

图 4-37　构件运输车

（2）运输工具与方式

构件运输主要采用公路运输，选择合适的运输车辆和运输台架，采取相应的保护措施可以最大限度地避免和消除构件在运输过程中的污染和损坏。运输中大量 PC 构件的运输可借用社会物流运输力量，少量构件可自行组织车辆运输。运输车辆有专用运输车和改装后的平板运输车，如图 4-37 所示。不同类型的构件采用的运输方式也不同。梁、柱、楼板装车应平放，楼板可以叠层放置；剪力墙构件应采用专用支架竖向或斜向靠放的方式运输。运输中需要消除、避免构件的污染、破坏，务必做好周全的防碰撞措施。

构件运输时需要制订严谨的运输方案，包括车辆型号、运输路线、现场装卸机堆放等。采用汽车夜间运输，合理安排车辆保证按计划供应。运输过程采取以下保证措施：①合理选择运输车辆和线路；②运输过程构件要捆扎牢固，防止磕碰损坏棱角；③装卸过程应采用吊绳、吊带、吊杠吊装。

物流运输对地理空间具有较大的依赖性，其中交通网络分析、资源优化配置等工作都需要地理空间信息的支持。GIS 是处理地理空间数据的最佳技术手段，将 GIS 引入构件运输管理系统将极大地方便最佳运输路线的选择和路网信息的更新与处理。用户可以通过 GIS 平台添加和更新各种路网信息，例如道路长度、道路类型和时速限制等，同时也可以将各个构件生产厂家的位置信息和构件堆场和施工现场位置信息，以及所有在运输中涉及的空间信息在 GIS 平台中直观地表现出来，方便项目管理人员实时掌握构件运输的状态。

近年来，GIS 与 RFID、GPS 等数据采集技术和网络通信技术有了很好的结合，更加轻量化和智能化的应用软件可以很方便地安装在移动通信设备上。司机利用移动通信设备中的 GIS 软件能够获取最佳行驶路线，并将车辆实际位置、速度、运行方向等信息上传至 GIS 信息平台，帮助相关人员对构件运输工作进行全局把控。

（3）运输路径优化

在构件运输之前，根据构件运输计划和道路网络模型优化决策运输路径。构件运输计划包括构件编号、数量、车辆编号、计划运送和接收时间、构件供应点和接收点的位置等信息。道路网络模型包括道路的空间数据和属性数据，空间数据是供应链各节点和节点之间道路的空间信息，属性数据是各节点的名称、道路等级、道路行驶速度、车流量、单/双向行驶信息。

（4）运输车辆定位

在车辆出发前利用决策优化方法得到最短运输路径，对车辆的初始路线进行规划，并安排货物的配载。然而在实际运输过程中，运输需求信息是不断变化的，可能会出现路线临时更改的情况。因此，需要对行驶车辆进行监控和实时定位，并根据动态条件选择运输路线。在装配式建筑供应链的物流环节中，可以采用自动识别（如 RFID）和定位（如 GPS）技术实时采集运输过程中建筑构件的状态和位置信息。

思考题

1. 装配式建筑体系具备哪些特点？

2. 什么叫作智能工厂？

3. 固定式装配式工厂和游牧式装配式工厂的区别是什么？

4. 针对装配式建筑，智慧生产的 EPR 系统如何应用？

5. 智慧生产的 CPS 系统框架包括哪些内容？

6. 智慧生产的 MES 的定义是什么？

7. 构件标识时应满足哪些要求？

参考文献

[1] 王晓刚，韩雪莹，刘昭，等．装配式建筑设计-生产-施工协同度评估研究［J］．铁道标准设计，2023，67（10）：208-213.

[2] 徐光苗，纪波，钟启恩，等．智能建造与建筑工业化协同发展综合策划——以广州某大型安置区项目为例［J］．建筑结构，2023，53（S1）：1148-1155.

[3] 刘佳，陈金锋，穆锐．智能建造背景下装配式建筑生产控制的优化设计与应用研究［J］．建筑结构，2023，53（S1）：1178-1182.

[4] 崔猛．装配式防撞墙生产运输工艺的研究及应用［J］．公路，2023，68（04）：128-133.

[5] 杨红雄，刘一颖，王云鹏，等．基于精益建造的装配式建筑可持续发展方向分析［J］．建筑经济，2023，44（04）：89-96.

[6] 邹贻权，董道德，潘寒，等．数据驱动的装配式 BIM 构件快速建模设计与应用［J］．实验室研究与探索，2023，42（01）：36-42.

[7] 聂俊，郑志远，潘寒，等．装配式建筑预制构件工厂建厂技术与应用研究［J］．建筑结构，2022，52（S2）：1631-1635.

[8] 李佳铭，袁竞峰，张华．预制构件工厂供应链管理问题剖析与对策研究［J］．建筑经济，2021，42（11）：90-94.

[9] 魏东泉．基于 BIM 的 PC 工厂生产管理系统研究［J］．建筑经济，2020，41（02）：25-29.

第5章
智能施工相关设备

 学习目标

1. 掌握智能施工基础设备和智能建造机器人的基本概念、特点和应用；
2. 了解智能施工基础设备和智能建造机器人在智能施工中的作用和价值；
3. 理解智能施工数据采集设备、信息传输设备、信息存储设备、信息分析运算设备和信息处理平台的基本原理和应用；
4. 掌握智能施工机器人（如测量机器人、钢筋自动上料绑扎设备等）的工作原理和应用场景；
5. 培养创新思维和实践能力，提高在智能建造领域的综合素质。

关键词： 智能施工基础设备；智能建造机器人；数据采集设备；测量机器人；施工机器人

5.1 智能施工设备概述

智能施工设备是指应用先进的技术和智能化的系统，用于改进建筑施工过程的设备，主要包括各种类型的机械设备、工具和系统。本章把智能建造工具和系统称为智能施工基础设备，智能施工使用的智能机械设备称为智能建造机器人。下面分别对智能施工基础设备和智能建造机器人进行介绍。

5.1.1 智能施工基础设备概述

智能施工基础设备是智慧工地建设的基础内容，对应于系统架构中的基础层与平台层，为智慧工地各类系统应用提供基础信息通信环境及技术平台。智能施工基础设备主要包括信息采集设备、信息传输设备（网络基础设施）、信息存储设备、信息分析运算设备、信息应用终端。这些设备需要和前述的智慧工地关键技术集成为一个完整的系统，共同实现智慧工地的功能。

（1）信息采集设备

信息采集设备是智慧工地管理系统的传感设备，包括独立安装的各类传感设备及集成于各业务功能模块的传感器；其中身份识别设备可包括生物特征识别、射频卡识别、条码识别、二维码识别等设备。建设项目的标准规范，采用《建筑工程施工现场监管信息系统技术标准》（JGJ/T 434—2018）的规定。

（2）信息传输设备

智能施工中的信息传输设备是指用于实现建筑物和设备之间的数据传输、通信和联网的设备。

① 传感器网络：在智能建造中广泛使用各种传感器来监测建筑物和设备的状态和环境。这些传感器可以测量温度、湿度、光照、压力等参数，并将数据传输到中央控制系统或云平台进行分析和控制。

② 无线通信设备：用于在建筑物内部和外部建立无线网络连接。这些设备包括Wi-Fi 路由器、蜂窝移动通信设备和蓝牙网关，用于提供无线数据传输和远程访问能力。

③ 物联网网关：物联网网关是连接传感器网络和云平台的设备，它可以收集传感器数据并将其传输到云服务器进行处理和分析。物联网网关还可以实现与其他外部系统的集成和通信。

④ 数据传输线路：为了实现建筑物内部各个设备之间的数据传输，需要布置合适的数据传输线路，如网线、光纤等网络基础设施。这些线路用于传输数据和视频信号。

（3）信息存储设备

信息存储设备指用于存储建造过程中的数据和信息的设备。

① 本地服务器和存储设备：某些智能建造系统可能需要在建筑物内部或局部区域部署本地服务器和存储设备。这些设备可以存储实时监测数据、控制数据和其他相关信息，并具备局部数据处理和分析能力。

② 网络存储设备：智能建造还可以使用网络存储设备（NAS）来实现分布式存储和共享数据，比如使用云服务器来存储大量的数据和信息。NAS 设备可以连接到网络，让多个设备和用户可以同时访问和共享存储空间。

③ 嵌入式存储设备：在建造过程中，一些设备可能需要自带存储功能，如智能传感器、摄像头和控制器等。这些设备通常使用固态存储设备（如闪存）来存储和处理数据。

（4）信息分析运算设备

信息分析运算设备主要包含服务器处理器和云计算平台。

① 服务器处理器是一种专门用于处理服务器任务的中央处理器（CPU）。服务器处理器是一台计算机系统的关键部件，负责执行计算任务、处理输入输出和控制整个系统的运行。服务器处理器通常具有更高的性能和可靠性，以满足服务器应用对计算能力和可靠性的要求。

② 云计算平台也称为云平台。云计算平台可以划分为 3 类：以数据存储为主的存储型云平台、以数据处理为主的计算型云平台以及计算和数据存储处理兼顾的综合云计算平台。本节主要关注的是以数据处理为主的计算型云平台。

（5）信息应用终端

① 固定终端设备一般指操作员、工程师等人员所使用的台式计算机。

② 移动终端一般指智能移动电话、平板计算机或各种专用手持式移动终端。

③ 语音广播系统是信息发布、通知公告、预警应急等公共通告的重要辅助设施。

④ 信息发布系统包括点阵式 LED 屏、多功能一体式固定终端等设备。

5.1.2　建造机器人概述

（1）基本概念

建造机器人是建筑机器人中的一个类别。建筑机器人的研究源于日本，定义为"通过自动化的动作而代替人类劳动的通用机器"。

广义的建筑机器人囊括了建筑物全寿命周期（包括勘测、营建、运营、维护、清拆、保护等）相关的所有机器人设备，涉及面极为广泛。根据从事工艺任务的不同，建筑机器人主要分为三种类型：建造机器人、运营维护机器人和破拆机器人。

用于工程建造的机器人装备是建筑机器人研究的主体内容。包括用于"数字工厂"的预制生产机器人和自动化装备，以及用于"现场施工"的建造机器人及智能化施工装备。根据建筑施工过程划分，建造机器人包括主体工程中的建造机器人（用于土方工程、钢结构工程、砌体工程等主体结构施工），以及装修装饰中的机器人（包括饰面安装工程、抹灰工程、涂刷工程等）。

建筑运营过程中建筑维护的自动化和智能化也是建筑机器人研究的重要方向。运营维护主要对建筑物进行检查、清理、保养、维修。相应的运营维护机器人主要包括两大类：一类是建筑清理机器人，一类是建筑物的缺陷检查与维护机器人。

破拆机器人是建筑垃圾循环利用和科学管理的突破口，破拆机器人不仅需要将建筑物进行破拆，同时需要考虑对拆卸产生的建筑垃圾进行分解和回收利用。例如，水泥回收机器人 Ero（Erosion 的缩写）利用高压水流分离钢筋和混凝土，吸收并分离骨料、水泥和水的混合物。骨料和水泥浆分别送至包装单元进行包装，转运到混凝土预制站加工成预制建筑构件，再在装配式建筑中实现再利用。

狭义的建筑机器人特指与建筑施工作业密切相关的机器人设备，通常是一个在建筑预制或施工工艺中执行某个具体的建造任务（如砌筑、切割、焊接等）的装备系统。本书所关注的建筑机器人是指狭义上的建筑机器人，即建造机器人。

（2）建造机器人的技术特征

首先，建造机器人需要具备较大的承载能力。在建筑施工过程中，建造机器人需要操作幕墙玻璃、混凝土砌块等建筑构件，因此对机器人承载能力提出了较高的要求。这种承载能力可以依靠机器人自身的机构设计，也可以通过与起重、吊装设备协同工作来实现。

其次，现场作业的建造机器人需具有移动能力或较大的工作空间，以满足大范围建造作业的需求。在建筑施工现场可以采用轮式移动机器人、履带机器人及无人机实现机器人移动作业功能。

（3）建造机器人的优势

在建筑作业过程中使用机器人具有很强的优势，主要表现为：

① 操作人员较少，降低人工成本，改善生产环境，优化管理。

② 严格的标准化作业，工艺稳定性高，生产率稳定，产量预期可控，交期稳定，能保证产品品质，提升企业信誉度。

③ 建造机器人可 24 小时不间断作业，能够高强度高效率地组织生产，不受人员因素影响，设备利用率较高。

④ 可消除人工操作的安全隐患，避免不必要的安全生产事故。

5.2　智能施工基础设备

5.2.1　智能施工数据采集设备

5.2.1.1　3D 激光扫描仪

（1）发展现状

3D 激光扫描仪是一种新型的测绘仪器，如图 5-1 所示，在边坡变形监测、立体模型建立等方面均有应用。相较于传统测绘方式，3D 激光扫描仪能够在更短的时间内，高精度地测得传统测绘方式难测甚至测不到的复杂建筑及地表的几何图形。如果将建筑的沉降数据与 3D 图形相结合，还能够更加直观地反映出基坑的沉降，便于对基坑沉降进行分析。

（2）技术要点

3D 激光扫描技术在实际应用过程中的技术要点主要体现在以下几方面：首先，3D 激光扫描技术在对物体测量时，测量时间有效缩短，同时对周围环境造成的影响有效降低；其次，3D 激光扫描技术在进行扫描的过程中，与人体动作不同，整个扫描工作一般在一秒之内完成，同时测量数据精确性并不会受到任何影响；最后，3D 激光扫描技术在扫描过程中并不需要光照，即便是在夜晚，也能够对物体进行扫描，而传统测绘方式会受到人为因素的影响，同时限制条件也较多。

图 5-1　3D 激光扫描仪

5.2.1.2　门禁系统设备

门禁系统（access control system，ACS）是准确记录和统计管理数据的数字化出入控制系统。出入口门禁安全管理系统是新型现代化安全管理系统，它集微机自动识别技术和现代安全管理措施为一体，涉及电子、机械、光学、计算机技术、通信技术、生物识别技术等诸多新技术。

门禁系统早已超越了单纯的通道及钥匙管理,逐渐发展成为一套完整的出入管理系统。它在工作环境安全、人事考勤管理等行政管理工作中发挥着较大的作用。

(1) 闸机

闸机是一种通道阻挡装置(通道管理设备),用于管理人流并规范行人出入。其最基本、最核心的功能是实现一次只通过一人,可用于各种门禁场合的入口通道处。根据对机芯控制方式的不同,闸机分为机械式、半自动式、全自动式。有些厂商会把半自动式称为电动式,把全自动式称为自动式。机械式是通过人力控制拦阻体(与机芯相连)的运转,机械限位控制机芯的停止;半自动式是通过电磁铁来控制机芯的运转和停止;全自动式是通过电机来控制机芯的运转和停止。根据同一台闸机所含机芯和拦阻体数量的不同,闸机可分为单机芯(包含1个机芯和1个拦阻体)和双机芯(包含2个机芯和2个拦阻体,呈左右对称形态)。根据拦阻体和拦阻方式的不同,闸机可以分为三辊闸、摆闸、翼闸、平移闸、转闸、一字闸等。智慧工地一般使用的是全自动式闸机,一般采用三辊闸、翼闸和转闸。

(2) 人脸识别

人脸识别是基于人的脸部特征信息进行身份识别的一种生物识别技术,是用摄像机或摄像头采集含有人脸的图像或视频流,并自动在图像中检测和跟踪人脸,进而对检测到的人脸进行脸部识别的一系列相关技术,通常也叫作人像识别、面部识别。闸机中的人脸识别如图5-2所示。

图 5-2 闸机中的人脸识别

人脸识别系统主要功能包含:人脸抓拍、实时人脸对比识别、人证对比与身份验证、人脸数据库管理和检索。

① 人脸抓拍。基于泛卡口监控摄像机,通过用户自主设定人脸检测区域和其他参数,实时人脸检测、跟踪和抓拍;支持多人同时检测,且无须特定角度和停留。

② 实时人脸比对识别。系统将跟踪抓拍到的最清楚的人脸照片与人脸数据库中的人脸照片实时快速比对验证，当人脸的相似度达到阈值，系统显示比对结果，包括抓拍照片、人脸数据库照片及对应的人员姓名、相似度等信息；系统跟踪抓拍的过程中，当比对结果为同一个人时，系统比对结果预览可更新显示相似度最高的抓拍照片；黑名单报警：当黑名单人员进入监控区，系统会自动报警，弹出对比照片和对照人员信息、相似度等，并将报警信息存入数据库；白名单功能：将监控摄像机检测到的实时人脸与白名单的人脸进行比对验证，当人脸在白名单中时允许通过并记录，否则报警并将报警信息存入数据库；支持按时间段、黑白名单信息等对存储的识别历史记录和报警历史信息进行查询。

③ 人证对比与身份验证。利用高清网络摄像机，将跟踪抓拍到的最清楚的人脸图片进行特征提取，通过与身份证、工作证等证件照人脸数据库中的人脸照片进行快速比对，并将比对候选结果按照相似度由高到低进行排序。

④ 人脸数据库管理和检索。系统可对图片中的人脸进行检测，对检测出的人脸特征进行建模，标注姓名、性别、年龄等相关信息后存入人脸数据库，供日后进行检索；系统提供海量人脸数据的高速检索功能，可从人脸数据库中检测出与输入人脸图像最为相似的一系列人脸图像，并按照人脸相似度排序；系统可对海量图片进行人脸分析和检索，实现对海量图片的筛选和过滤。

5.2.1.3　智能安全帽

（1）主要作用

智能安全帽（图 5-3）是以工人实名制为基础，以"物联网＋智能硬件"为手段，通过工人佩戴装载智能芯片的安全帽，现场安装软件进行数据采集和传输，实现数据自动收集、上传和语音安全提示，最后在移动端进行实时数据整理、分析，使管理者清楚了解工人现场分布、个人考勤数据等，给项目管理者提供科学的现场管理和决策依据。

（2）工作原理和特点

① 智能安全帽是应用云计算、物联网技术的智能穿戴设备，其内置芯片，并通过防震测试。

图 5-3　智能安全帽

② 落实劳务实名制。采用专用手持设备，进行证书扫描或人员拍照留存等；发放安全帽的同时，关联人员 ID 和安全帽芯片，真正实现人、证、图像、安全帽统一，如图 5-4 所示。

③ 无感考勤。施工人员进入施工现场，通过考勤点时，接收信号装置会主动感应安全帽芯片发出的信号，记录时间；通过 3G 上传到云端，再经过云端服务器按设定规则计算，得出人员的出勤信息，生成个人考勤表。

④ 人员定位、轨迹和分布。当施工人员进入施工现场，通过考勤点或关键进出通

道口时，接收装置会主动感应安全帽芯片发出的信号，记录时间和位置；通过3G上传云端，经过云端服务器处理，得出人员的位置和分布区域信息，绘制全天移动轨迹，如图5-5。

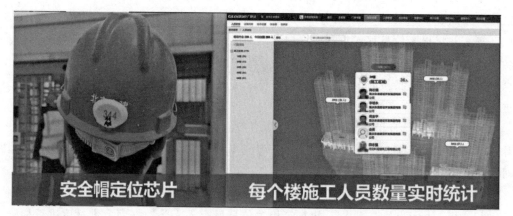

图 5-4　智能安全帽与劳务实名制结合

⑤ 智能语音安全预警。当施工人员进入施工现场，通过考勤点时，接收装置会主动感应安全帽芯片发出的信号，区分队伍和个人，进行预警信息播报；预警信息可通过手机端自助录入。

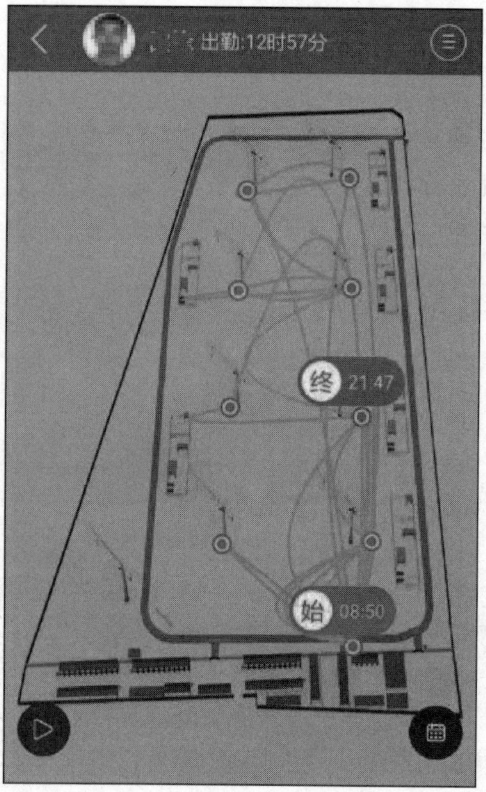

⑥ 人员异动信息自动推送。区分队伍和工种，提供人员出勤异常数据，可监测人员出勤情况，辅助项目进行人员调配；提供人员进入工地现场长时间没有出来的异常滞留提醒，辅助项目对人员进行安全监测。

5.2.1.4　视频监控系统设备

视频监控系统基于计算机网络和通信、视频压缩等技术，将远程监控获取的各种数据信息进行处理和分析，实现远程视频自动识别和监控报警。同时，可通过移动设备端APP实现移动监督，从而极大提高建设工程安全生产的监督水平和工作效率，有效减小对工地安全状况掌控的随机性和不确定性，保障监督，及时消除生产安全隐患，实现安全生产。视频监控系统功能特点如下：

图 5-5　人员定位与轨迹

（1）可高清显示现场摄像头获取的画面，与广播等系统进行联动管理，见表 5-1。

表 5-1 视频监控在工地现场的应用

序号	覆盖范围	选用设备类型	实现目的
1	工地出入口	高清枪式摄像机	监控进出人员，能看清进出物品细节
2	建筑材料堆放处、围墙等	高清枪式摄像机	监控建筑材料所在区域，防止材料被盗；防止人员翻越围墙
3	员工宿舍区、生活区	高清枪式摄像机	监控进出人员，能看清细节
4	塔式起重机上方	高清网络球机	监控塔式起重机作业层情况，监控整个工地情况
5	配电室、危险品库房、电梯笼等存在安全隐患的区域	高清枪式摄像机	监控用电及其他对安全管理要求较高的点位

（2）抓拍画面，及时记录，并通过手机 APP 进行操作，及时掌控项目形象进度。当发现质量、安全、变更、文明施工等各类问题时，可以对当前监控画面进行抓拍，并且可以按照组织、时间、图像类型等形式对拍摄到的画面进行查询。

（3）通过画面共享功能，建立企业监控中心，既可对各个项目现场情况进行监控，又可与项目部进行视频会议。

5.2.1.5 特种设备安全数据采集设备

建筑施工工地使用的特种设备有塔式起重机、施工升降机、物料提升机、高处作业吊篮、附着式提升脚手架、门式脚手架、起重吊装设备等。特种设备都是危险性较大的设备，需要特别注意特种施工设备在建筑施工作业中的安全管理和安全防范，防止因特种设备事故导致的重大生产安全事故。

塔式起重机安全监控管理系统实时监控塔式起重机的各种工作参数，该监控管理系统主要设备包括传感器、信号采集器、控制执行器、显示仪表、监控系统等。

（1）塔式起重机智能化监控系统

通过对塔式起重机布置智能化监控系统，塔式起重机司机能随时监控塔式起重机当前的工作状态，如吊重、变幅、起重力矩、吊钩位置、工作转角、作业风速，还能对塔式起重机自身限位、禁行区域、干涉碰撞进行全面监控，实现建筑塔式起重机单机运行和群塔干涉作业防碰撞的实时安全监控与声光预警、报警，为操作员及时采取正确的处理措施提供依据。

塔式起重机智能化监控系统由主机、显示器和传感器组成。传感器主要有：重量传感器、幅度传感器、高度传感器、回转传感器、风速传感器、倾角传感器等。

系统功能如下：

① 塔式起重机运行数据采集。通过精密传感器实时采集吊重、变幅、高度、回转、环境风速等多项安全作业工况实时数据，并汇集到智慧工地数据平台中进行集中展示，如图 5-6。

② 工作状态实时显示。通过显示屏以图形数值方式实时显示当前实际工作参数和塔式起重机额定工作能力参数，使司机直观了解塔式起重机的工作状态，正确操作；并

第 5 章

图 5-6　运行数据采集

可实时监控单台塔式起重机的运行安全指标，包括幅度、高度、风速、力矩比、荷吊重、载比、转角等，在临近额定限值时发出声光预警和报警，如图 5-7。

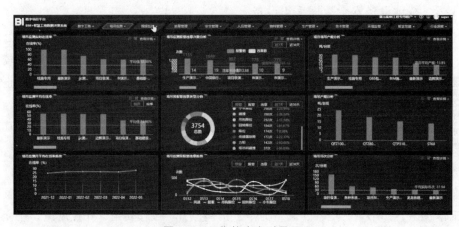

图 5-7　工作状态实时显示

③ 根据 GIS 信号自动识别塔式起重机的分布位置，通过塔机运行数据智能分析碰撞关系，并及时报警，如图 5-8。

④ 系统可与手机 APP 实时交互，随时随地了解塔式起重机的情况。

（2）吊钩可视化系统

吊钩的可视化系统能实时以高清图像向塔式起重机司机展现吊钩周围的实时视频图像，辅以语音系统，使司机快速处理盲吊、隔山吊，彻底解决视觉死角、远距离视觉模糊、语音引导易出差错等问题。吊钩可视化系统主要由系统主机（显示屏、软件系统）、传感器和高清摄像头组成，其应用如图 5-9 和图 5-10 所示。

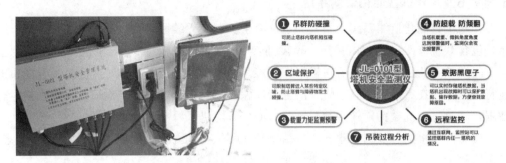

图 5-8　塔机安全监测仪及其功能

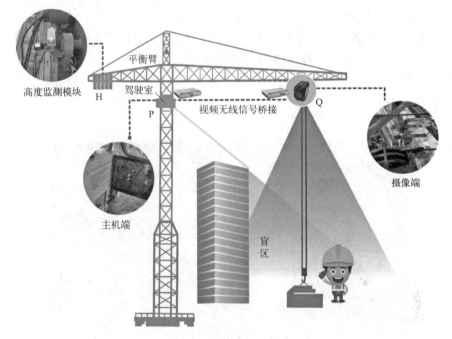

图 5-9　吊钩盲区可视化

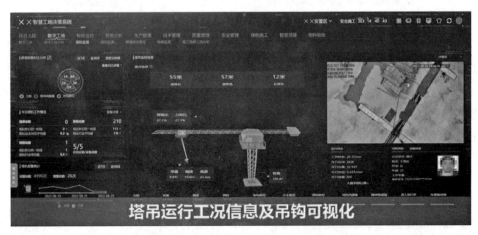

图 5-10　塔吊运行工况信息及吊钩可视化

第5章

5.2.1.6　升降机智能化监测系统

升降机智能化监测系统集精密测量、自动控制、无线网络传输等多种高新技术于一体，包含载重监测、轿厢内拍照、速度监测、倾斜度监测、高度限位监测、防冲顶监测、门锁状态监测、驾驶员身份识别等功能。该系统能够全方位实时监测施工升降机的运行工况，且在有危险源时及时发出警报和输出控制信号，并可全程记录升降机的运行数据，同时将工况数据传输到远程监控中心。升降机系统功能特点如下：

（1）升降机运行数据采集：通过精密传感器实时采集载荷、高度、上下限位状态、开关门状态、天窗状态等多项安全作业工况实时数据。

（2）工作状态实时显示：通过显示屏以图形数值方式实时显示升降机当前实际工作参数和额定工作能力参数。

（3）远程可视化监控平台：升降机运行数据和报警信息通过无线网络实时传送回监控平台，基于 GIS 技术实现升降机远程可视化监控。

（4）升降机司机身份识别：支持 IC 卡、虹膜、人脸、指纹等识别方式，认证成功后方可操作升降机，如图 5-11。

图 5-11　升降机司机人脸识别系统

5.2.1.7　卸料平台智能化监控系统

卸料平台智能化监控系统将重量传感器固定在卸料平台的钢丝绳上，通过重量传感器实时采集卸料平台的载重数据并在屏幕上实时显示，当出现超载时现场声光报警。设备支持通过 GPRS 上传数据，管理人员可通过平台查看卸料平台的实时数据、历史数据及报警数据。

卸料平台监控系统由主控单元、显示器、声光报警器、重量传感器、通信模块、终端软件等组成，各传感器根据实际需要选择配置，不同的产品需求传感器配置不一样。卸料平台智能化监控系统功能特点如下：

（1）实时采集重量传感器数据，显示到显示屏上，并将数据上传到平台和手机

APP 中,实现远程可视化监控,如图 5-12 和图 5-13 所示。

图 5-12 卸料平台的称重区数据采集

图 5-13 卸料平台的称重区数据采集反馈

(2)在设备上可设置报警值,当载重超过报警值时,卸料平台现场会进行声光报警(如图 5-14),从而提醒操作人员减小卸料平台负重。

(3)设备内置 GPRS 模块,可将所采集的监测数据通过无线方式上传到云端,管理人员可通过平台进行远程查看及分析,如图 5-15。

图 5-14   卸料平台声光报警系统

图 5-15   物料系统数据上传智慧工地系统

5.2.1.8   车辆出入监控系统

在工地大门安装车辆识别摄像头，系统对车辆进行抓拍和统计，便于问题追溯。车辆出入监控系统由车牌识别相机、道闸、车辆检测器、信息显示屏（计算机）、交换机、软件系统等组成，该系统功能特点如下：

（1）图像留存。车辆进出时，摄像头会进行抓拍，识别车辆外形、驾驶员信息及车牌并上传至平台，便于事后问题追溯和排查；此外，利用深度学习技术，结合大量现场数据，可自动识别大型黄牌车。

（2）建立白名单，自动放行合法车辆，识别错误或无车牌时，可手动开闸放行。

（3）通过语音和引导屏，自动引导车辆进出并统计，减少人工误差，节约人工成本。

5.2.1.9 周界入侵防护系统

为避免非施工人员进入施工现场（如深基坑周边、临边洞口、特定区域等）而造成人身伤害，可设置周界入侵防护系统（如图 5-16 和图 5-17）。周界入侵防护系统基于人工智能图像识别技术，通过对监控视频设定警戒区域，实时分析周界入侵、越线检测，可有效识别入侵物体性质并自动报警，具有精度高的特性，如图 5-18。

图 5-16　深基坑周界入侵防护系统

图 5-17　高支模周界入侵防护系统

周界入侵防护功能特点如下：

（1）可基于监控摄像头监控画面，直接划定监测区域，实时进行智能监测和分析。

图 5-18　危险区域红外线预警

（2）可分时间段、类型、对象属性、视频源等设置报警阈值，进行更有效、更智能的报警，有效避免误报。

（3）智能存储报警视频信息，并支持历史查询，方便调查取证。

（4）可连接平台，远程实时监管监控区域，及时响应报警情况，有效制止入侵人员并处理越线物体。

5.2.1.10　扬尘噪声监控系统

扬尘噪声监控系统基于物联网及人工智能技术，将各种环境监测传感器（$PM_{2.5}$、PM_{10}、噪声、风速、风向、空气温湿度等）的数据进行实时采集、传输，并将数据实时展示在现场 LED 屏、平台 PC 端及移动端中（如图 5-19），便于管理者远程实时监管现场环境数据并能及时做出决策，提高了施工现场环境管理的及时性，并实现了对环境的准确监测，有助于防治环境污染。

扬尘噪声监控系统的功能特点如下：

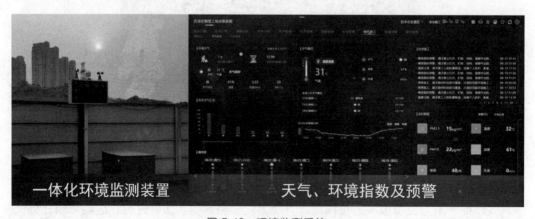

图 5-19　环境监测系统

（1）环境数据采集：通过精密传感器实时采集数据，可根据需求进行不同的数据监测展示。

（2）LED 屏、平台 PC 端及移动设备端数据实时显示：可根据用户需求将采集到的环境数据实时在现场 LED 显示屏、平台 PC 端、移动设备端同时、同步显示。

（3）智能联动雾炮喷淋：通过集成平台，可根据环境数据显示情况联动现场雾炮和喷淋系统进行降尘喷淋操作。降尘喷淋系统既可与扬尘噪声监控系统联动自动喷淋降尘（如图 5-20），也可手动进行喷淋降尘。

图 5-20　自动喷淋降尘系统

自动喷淋系统主要由主控机盒、报警器、喷淋系统、通信模块、软件系统等组成。该系统功能特点如下：

（1）精量喷雾：喷淋范围广、雾炮射程远、工作效率高。

（2）快速抑制粉尘：喷出的雾粒细小，与粉尘接触时，形成潮湿雾状体。

（3）雾炮射程：最大可达 200m。

（4）权限设置：后台设置喷淋操作人员权限，仅限被授权人员在 APP 端开启喷淋操作。

（5）多种喷淋方式：支持手动喷淋、自动喷淋、定时喷淋等多种喷淋方式。

（6）移动端实时同步信息：可在 APP 端实时观测、查询喷淋作业数据信息。

（7）对接墙面、雾炮等多种喷淋设备。

5.2.1.11　智能烟感监测系统

智能烟感监测系统可实时监控各烟感探头的在线及报警状态，并通过短信、APP 等方式进行提醒。该系统的功能特点如下：

（1）在线及异常状态监测。

（2）短信及应用消息提醒。

（3）责任人紧急电话告知。

5.2.1.12　质量安全监管设备

质量安全监管设备可进行安全检查、巡更管理、隐患随手拍、节点验收等。

第 5 章

（1）安全检查

通过移动设备端的协同，可实现问题随时记录并发起整改，分析并处理问题。该功能特点如下：

① 问题拍照取证。

② 自定义审批流程。

③ 可按状态、类型处理统计。

（2）巡更管理

项目人员可通过平台拟定巡更路线及巡更人员或者巡检车（如图5-21），在巡更过程中通过手机扫描巡更点二维码记录巡更状态，当发现问题后，可在移动设备端上传问题描述（如图5-22），管理人员可通过平台查看巡更状态统计及所反馈的问题，随时了解现场质量安全情况，保障巡更的有效执行。

图 5-21　远程巡检车

图 5-22　巡检信息录入

（3）隐患随手拍

项目人员在巡查过程中发现问题，可通过移动设备端以图文或视频方式随时进行问题记录，并放到项目公共的问题池中，以曝光台的方式来对工地的不安全、不文明行为警示。

（4）节点验收

针对工地的隐蔽工程、土方开挖等关键环节，通过移动设备以图文或视频方式进行记录并存档，便于日后进行排查。

5.2.1.13　质量安全移动巡检系统设备

（1）质量安全移动巡检系统的构成

质量安全移动巡检系统由检查平台（智慧工地集成平台中的监督档案、安全检查、标准化考评、安全文明施工评价、安全验收等模块和功能）和 GPAD 移动执法设备两部分组成。

（2）功能特点

质量安全移动巡检系统具有评分有依据、检查可留痕、统计能自动、一个工程多次检查的特点。具体功能特点如下：

① 可随时随地使用移动设备访问内网业务系统。

② 实时拍摄工地现场生产安全隐患并上传至远程监控平台。

③ 使用移动设备连接打印机打印资料，移动办公。

④ 第一时间写个人日志，方便、快捷、高效。

⑤ 随时随地查询企业和工程信息，审核企业和工程信息。

5.2.1.14　集中信息化展示设备

智慧展厅作为智慧工地的输出形式，能够集中且形象地展示工地当前的信息化现状、未来的工程效果及项目或公司的品牌形象。智慧展厅从内容组成上来说，一般分为触摸屏、VR 体验及电视大屏等。

其中，电视大屏可直接播放企业及项目宣传视频；触摸屏则包括如下功能：

① GIS 导航平台。通过场地平面形象化地显示监控分布及当前状态。

② 工地业务集成。实时显示工地人员、设备、环境、进度等各种业务数据。

③ 数据可视化。对所分析的数据能够形象化地展示，更易于浏览和读懂。

5.2.1.15　VR 安全教育培训系统

VR 安全教育培训系统基于先进的 VR 技术，模拟施工现场可能出现的事故场景，提供逼真遇险场景、视频观看及安全考核等功能模块，使参加培训的劳务人员以事故当事人的身份和视角在虚拟环境中亲身体验生产安全事故的悲痛教训，从而强化安全意识、减少事故发生。

（1）系统组成

VR 模拟安全教育培训系统由定位基站、VR 手柄、头盔显示器、计算机等构成。

（2）功能特点

① 虚拟仿真建筑体验馆，让体验更逼真。

② 培训者自行操作体验，比传统的灌输式教育培训更生动、有效。

③ 课程全面丰富，可涵盖施工现场主要人身伤害事故场景。

④ 基于劳务实名制，培训记录可集成平台，以防止培训遗漏。

（3）培训内容

VR 安全教育培训系统通过 VR 技术，结合施工经验，为建筑工地劳务人员提供安全教育培训（如图 5-23 和图 5-24）。

第5章

图 5-23　安全帽撞击体验

图 5-24　安全带使用体验区

5.2.2　智能施工信息传输设备

5.2.2.1　信息传输概述

信息传输包括信息的传送和接收，是指从一端将命令或状态信息经信道传送到另一端，并被对方接收。

信息传输介质分有线和无线两种：有线信息传输介质为电话线、光缆或其他专用电缆；无线信息传输介质有移动网络、电台、微波及卫星等。

信息传输过程中不能改变信息，信息本身也并不能被传送或接收，信息传输必须有载体，如数据、语言、信号等，且传送方面和接收方面对载体有共同解释。

信息传输需要考虑传输设备的有效性、可靠性和安全性。

有效性用频谱复用程度或频谱利用率来衡量。提高信息传输有效性的措施是：采用性能好的信源编码以压缩码率，采用频谱利用率高的调制减小传输带宽。

可靠性用信噪比和传输错误率来衡量。提高信息传输可靠性的措施是：采用高性能的信道编码以降低错误率。

安全性用信息加密强度来衡量。提高安全性的措施是：采用高强度的密码与信息隐藏或伪装的方法。

5.2.2.2　数传终端（DTU）

数传终端（data transfer unit，DTU）是专门用于将串口数据转换为 IP 数据或将 IP 数据转换为串口数据，通过无线通信网络进行传送的无线终端设备。DTU 广泛应用于气象、水文水利、地质等行业。

（1）DTU 的硬件和软件组成

DTU 的硬件和软件组成见表 5-2。

表 5-2　DTU 的硬件和软件组成

组成		描述
硬件	CPU	工业级高性能 ARM9 嵌入式处理器,带内存管理 MMU,200Mps,16kB Dcache,16kB Icache FLASH:8MB,可扩充到 32MB SDRAM:64MB,可扩充到 256MB
	常用接口	UART,RS485 接口,串口速率:110~230400bps
	指示灯	具有电源、通信及在线指示灯
	天线接口 UIM 卡接口	标准 SMA 天线接口,特性阻抗 50Ω 3V/1.8V 标准的推杆式用户卡接口
	电源接口	标准的 3 芯火车头电源插座
	供电	外接电源:DC 9V 500mA,宽电压供电:5~32VDC
软件		TCP/UDP 透明数据传输;支持多种工作模式
		心跳包技术智能防掉线,支持在线检测、在线维持、掉线自动重拨,确保设备永远在线
		支持 RSA,RC4 加密算法
		支持虚拟值守(Virtual Man Watch,VMW)功能,确保系统稳定可靠
		支持虚拟数据专用网(APN/VPDN)
		支持数据中心动态域名和 IP 地址访问
		支持 DNS 动态获取,防止 DNS 服务器异常导致的设备宕机
		支持双数据中心备份
		支持多数据中心同时接收数据
		支持短信、语音、数据等唤醒方式以及超时断开网络连接
		支持短消息备份及警告
		多重软硬件"看门狗"
		数据包传输状态报告

第 5 章

组成	描述
软件	标准的 AT 命令界面
	可以用作普通拨号 MODEM
	支持 Telnet 功能
	支持远程配置、远程控制
	通过串口软件升级
	同时支持 LINUX、UNIX 和 WINDOWS 操作系统

（2）DTU 的优点

① 组网迅速、灵活，建设周期短、成本低。

② 网络覆盖范围广。

③ 安全保密性能好。

④ 链路支持永远在线，按流量计费，用户使用成本低。

（3）DTU 的原理与应用

DTU 的主要功能是把远端设备的数据通过无线的方式传送回后台中心。要完成数据的传输，需要建立一套完整的数据传输系统。这个系统包括：DTU、客户设备、移动网络、后台中心。在前端，DTU 和客户的设备通过 232 或者 485 接口相连。DTU 上电运行后先注册到移动的 GPRS 网络，然后与设置在 DTU 中的后台中心建立 SOCKET 连接。后台中心是 SOCKET 连接的服务端，DTU 是 SOCKET 连接的客户端。因此，只有 DTU 是不能完成数据的无线传输的，还需要有后台软件的配合。在建立连接后，前端的设备和后台的中心就可以通过 DTU 进行无线数据传输了，而且是双向的传输。

DTU 已经广泛应用于电力、环保、物流、水文、气象等领域。尽管应用的领域不同，但其应用的原理是相同的：DTU 和行业设备相连（比如 PLC、单片机等自动化产品的连接），然后和后台建立无线的通信连接。在互联网日益发达的今天，DTU 的使用也越来越广泛。它为各行业以及各行业之间的信息、产业融合提供了帮助。

在智慧工地项目中，许多数据采集的数据量较小，为了达到接入数据方便的要求，通常采用移动网络的 DTU 上传采集到的数据。

5.2.2.3　上网路由器

路由器（Router）是一种计算机网络设备，它能将数据打包传送至目的地（选择数据的传输路径），这个过程称为路由。路由器就是连接两个以上网络的设备，路由工作在 OSI 模型的第三层，即网络层。

路由器是连接因特网中各局域网、广域网的设备，它会根据信道的情况自动选择和设定路由，以最佳路径、按前后顺序发送信号。路由器是互联网枢纽的"交通警察"。

目前，路由器已经广泛应用于各行各业，各种产品已成为实现骨干网内部连接、骨干网间互联和骨干网与互联网互联互通业务的主力军。路由器和交换机之间的主要区别就是交换机发生在 OSI 参考模型第二层（数据链路层），而路由发生在第三层，即网络层。这一区别决定了路由器和交换机在移动信息的过程中需使用不同的控制信息，所以两者实现各自功能的方式是不同的。

上网路由器实际上是边缘路由器，边缘路由器将用户由局域网汇接到广域网，在局域网和广域网技术尚有很大差异的今天，边缘路由器肩负着多重重任，简单地说就是要满足用户的多种业务需求，从简单的联网到复杂的多媒体 VPN 业务等。这需要边缘路由器在硬件和软件上都要有过硬的实现能力。

5.2.2.4 无线网桥

无线网桥顾名思义就是无线网络的桥接，它利用无线传输方式在两个或多个网络之间搭起通信的桥梁；无线网桥从通信机制上分为电路型网桥和数据型网桥。

电路型网桥无线传输机制采用 PDH/SDH 微波传输原理，接口协议采用桥接原理实现，具有数据速率稳定、传输时延小的特点，适用于多媒体需求的融合网络解决方案，适用于作为 3G/4G 移动通信基站的互联互通。

数据型网桥采用 IP 传输机制，接口协议采用桥接原理实现，具有组网灵活、成本低廉的特征，适合于网络数据传输和低等级监控类图像传输，广泛应用于各种基于纯 IP 构架的数据网络解决方案。

无线网桥除具备上述有线网桥的基本特点之外，其工作在 2.4G 或 5.8G 的免申请无线执照的频段，因而比其他有线网络设备部署更方便。

为了提高点对多点的数据，一些设备引入 TDMA 机制对传统 802.11 协议进行改进，更好地支持一对多的应用。

5.2.2.5 LoRa

远距离无线电（LoRa）是低功耗广域网（LPWAN）通信技术中的一种，是美国 Semtech 公司采用和推广的一种基于扩频技术的超远距离无线传输方案。这一方案改变了以往将传输距离与功耗折中的考虑方式，为用户提供了一种简单的能实现远距离、长电池寿命、大容量的系统，进而扩展传感网络。目前，LoRa 主要在全球免费频段运行，包括 433MHz、868MHz、915MHz。

LoRa 技术具有远距离、低功耗（电池寿命长）、多节点、低成本的特性。LoRa 网络主要由终端（可内置 LoRa 模块）、网关（或称基站）、Server 和云四部分组成，应用数据可双向传输。

与同类技术相比，LoRa 提供更长的通信距离。LoRa 调制基于扩频技术，是线性调制扩频（CSS）的一个变种，具有前向纠错（FEC）性能。LoRa 显著地提高了接收灵敏度，与其他扩频技术一样，它使用了整个信道带宽广播一个信号，从而使信道噪声和由于使用低成本晶振而引起频率偏移的不敏感性更健壮。LoRa 可以调制信号 19.5dB 低于底噪声，而大多数频移键控（FSK）在底噪声上需要 8~10dB 的信号功率才可以正确调制。LoRa 调制是物理层（PHY），可为不同协议和不同网络架构所用 Mesh、Star、点对点等。

LoRa 网关设计用于远距离星形架构，并运用在 LoRaWAN 系统中。它们是多信道、多调制收发，可多信道同时解调，由于 LoRa 的特性，甚至可以在同一信道上同时多信号解调。网关使用不同于终端节点的 RF 器件，具有更高的容量，作为一个透明桥在终端设备和中心网络服务器间中继消息。网关通过标准 IP 连接到网络服务器，终端设备使用单跳的无线通信到一个或多个网关。所有终端节点的通信一般都是双向的，但还支持如组播功能操作、软件升级、无线传输或其他大批量发布消息，这样就减少了无线通信时间。根据要求的容量和安装位置（家庭或塔）有不同的网关版本。

LoRa 调制解调器对同信道 GMSK 干扰抑制可达 19.5dB。换句话说，它可以接受低于干扰信号或低噪声的信号。由于拥有这么强的抗干扰性，LoRaTM 调制系统不仅可以用于频谱使用率较高的频段，也可以用于混合通信网络，以便在网络中原有的调制方案失败时扩大覆盖范围。

LoRaWAN 网络架构是典型的星形拓扑结构，在这个网络架构中，LoRa 网关是一个透明传输的中继，连接终端设备和后端中央服务器。网关与服务器间通过标准 IP 连接，终端设备采用单跳与一个或多个网关通信。所有的节点与网关间均是双向通信，同时支持云端升级等操作以减少云端通信时间。终端与网关之间的通信是在不同频率和数据传输速率基础上完成的，数据速率的选择需要在传输距离和消息时延之间权衡。由于采用了扩频技术，不同传输速率的通信不会互相干扰，且还会创建一组虚拟化的频段来增加网关容量。LoRaWAN 的数据传输速率范围为 0.3～37.5kbps，为了最大化终端设备电池的寿命和整个网络容量，LoRaWAN 网络服务器通过一种速率自适应（adaptive data rate，ADR）方案来控制数据传输速率和每一终端设备的射频输出功率。全国性覆盖的广域网络瞄准的是诸如关键性基础设施建设、机密的个人数据传输或社会公共服务等物联网应用。

关于安全通信，LoRaWAN 一般采用多层加密的方式来解决：独特的网络密钥（EU164），保证网络层安全；独特的应用密钥（EU164），保证应用层终端到终端之间的安全；属于设备的特别密钥（EUI128）。

LoRaWAN 网络根据实际应用的不同，把终端设备划分成 A、B、C 三类。

Class A：双向通信终端设备。这一类的终端设备允许双向通信，每一个终端设备上行传输会伴随着两个下行接收窗口。终端设备的传输槽基于其自身通信需求，其微调基于一个随机的时间基准（ALOHA 协议）。Class A 所属的终端设备在应用时功耗最低，终端发送一个上行传输信号后，服务器能很迅速地进行下行通信。任何时候，服务器的下行通信都只能在上行通信之后。

Class B：在兼容 Class A 设备通信形式的基础上，Class B 类的终端能够在预定的时间打开一个接收窗口用于接收服务器下发的消息。由于这类设备需要在预定的时间打开接收窗口，因此这类设备都需要从 LoRaWAN 的网关接收一个用于时间同步的信标，来确定这类设备是否仍然在线。

Class C：持续与网关进行交互，接收窗口一直打开。这类终端设备的功耗比前两类的功耗都要高，但是因为接收窗口一直打开，所以通信延迟是三类设备中最低的。

5.2.2.6　NB-IoT

窄带物联网（narrow band internet of things，NB-IoT）是一种专为万物互联打造

的蜂窝网络连接技术。顾名思义，NB-IoT 所占用的带宽很窄，只需约 180kHz，而且其使用 Licensc 频段，可采取带内、保护带或独立载波三种部署方式，与现有网络共存，并且能够直接部署在 GSM、UMTS 或 LTE 网络（即 2G/3G/4G 的网络）上，实现现有网络的复用，降低部署成本，实现平滑升级。

移动网络作为全球覆盖范围最大的网络，其接入能力可谓得天独厚，因此相较 Wi-Fi、蓝牙、ZigBee 等无线连接方式，基于蜂窝网络的 NB-IoT 连接技术的前景更加被看好，它已经逐渐作为开启万物互联时代的钥匙，而被商用到物联网行业中。

NB-IoT 具有以下四大特点：

（1）广覆盖。相比现有的 GSM、宽带 LTE 等网络覆盖增强了 20dB，信号的传输覆盖范围更大（GSM 基站目前理想状况下能覆盖 35km），能覆盖到深层地下 GSM 网络无法覆盖的地方。其原理主要依靠：缩小带宽，提升功率谱密度；重复发送，获得时间分集增益。

（2）大连接。相比现有的无线技术，其同一基站下增加了 50～100 倍的接入数，每小区可以达到 50k 连接，可以实现万物互联所必需的海量连接。其原理在于：基于时延不敏感的特点，采用话务模型，保存更多接入设备的上下文，在休眠态和激活态之间切换；窄带物联网的上行调度颗粒小，资源利用率更高；减少空口信令交互，提升频谱密度。

（3）低功耗。终端在 99％ 的时间内均处在休眠态，并集成多种节电技术，待机时间可达 10 年。PSM 低功耗模式，即在 idle 空闲态下增加 PSM 态，相当于关机，由定时器控制唤醒，耗能更低；eDRX 扩展的非连续接收省电模式，采用更长的寻呼周期，eDRX 是 DRX 耗电量的 1/16。

（4）低成本。硬件可剪裁，软件按需简化，确保了 NB-IoT 的成本低廉。

5.2.3　智能施工信息存储设备

5.2.3.1　磁盘阵列

磁盘阵列（redundant arrays of independent drives，RAID）有"独立磁盘构成的具有冗余能力的阵列"之意。磁盘阵列是由很多价格较便宜的磁盘组合成的容量巨大的磁盘组，其利用个别磁盘提供数据所产生的加成效果提升整个磁盘系统的效能。利用这项技术，将数据切割成许多区段，分别存放在各个硬盘上。磁盘阵列还能利用同位检查（Parity Cheok）的观念，当数组中任意一个硬盘故障时，仍可读出数据，当数据重构时，将数据经计算后重新置入新硬盘中。

磁盘阵列样式有三种。①外接式磁盘阵列柜。外接式磁盘阵列柜常被用于大型服务器，具有可热交换（Hot Swap）的特性，不过这类产品的价格都很昂贵。②内接式磁盘阵列卡。内接式磁盘阵列卡价格便宜，但需要较高的安装技术，适合技术人员使用操作。硬件阵列能够提供在线扩容、动态修改阵列级别、自动数据恢复、驱动器漫游、超高速缓冲等功能。它能提供性能、数据保护、可靠性、可用性和可管理性的解决方案。③利用软件仿真。它是指通过网络操作系统自身提供的磁盘管理功能将连接的普通

SCSI 卡上的多块硬盘配置成逻辑盘，组成阵列。软件阵列可以提供数据冗余功能，但是磁盘子系统的性能会有所降低，有的降低幅度比较大，达 30％左右，因此会拖慢机器的速度，不适合大数据流量的服务器。

5.2.3.2　云平台虚拟硬盘

云计算是分布式处理、并行处理和网格计算的发展，是通过网络将庞大的计算处理程序自动分拆成无数个较小的子程序，再交由多部服务器所组成的庞大系统，经计算分析之后，将处理结果回传给用户。通过云计算技术，网络服务提供者可以在数秒之内，处理数以千万计甚至数以亿计的信息，达到和"超级计算机"同样强大的网络服务水平。

云存储的概念与云计算类似，它是指通过集群应用、网格技术或分布式文件系统等功能，将网络中大量各种不同类型的存储设备通过应用软件集合起来协同工作，共同对外提供数据存储和业务访问功能的系统。它可保证数据的安全性，并节约存储空间。简单来说，云存储就是将储存资源放到云上供人存取的一种方案。使用者可以在任何时间、任何地方，透过任何可联网的装置连接到云上方便地存取数据。

（1）云存储的结构

① 存储层。存储层是云存储最基础的部分。存储设备可以是 FC 光纤通道存储设备，可以是 NAS 和 iSCSI 等 IP 存储设备，也可以是 SCSI 或 SAS 等 DAS 存储设备。云存储中的存储设备往往数量庞大且分布于不同地域，彼此之间通过广域网、互联网或者 FC 光纤通道网络连接在一起。存储设备之上是统一的存储设备管理系统，可以实现存储设备的逻辑虚拟化管理、多链路冗余管理，以及硬件设备的状态监控和故障维护。

② 基础管理层。它是云存储最核心的部分，也是云存储中最难实现的部分。基础管理层通过集群、分布式文件系统和网格计算等技术，实现云存储中多个存储设备之间的协同工作，使多个存储设备可以对外提供同一种服务，并提供更大、更强、更好的数据访问性能。CDN 内容分发系统，数据加密技术保证云存储中的数据不会被未授权的用户访问；同时，通过各种数据备份、容灾技术和措施可以保证云存储中的数据不会丢失，保证云存储自身的安全和稳定。

③ 应用接口层。它是云存储最灵活多变的部分。不同的云存储运营单位可以根据实际业务类型，开发不同的应用服务接口，提供不同的应用服务，比如视频监控应用平台、IPTV 和视频点播应用平台、网络硬盘应用平台、远程数据备份应用平台等。

④ 访问层。任何一个授权用户都可以通过标准的公用应用接口来登录云存储系统，享受云存储服务。云存储运营单位不同，云存储提供的访问类型和访问手段也不同。

（2）云存储的优势

① 节约成本。从短期和长期来看，云存储最大的特点就是可以为小企业减少成本。如果小企业想要将数据放在自己的服务器上存储，那就必须购买硬件和软件，花费昂贵的成本，而且企业要聘请专业的 IT 人士负责这些硬件和软件的维护工作，还要更新这些设备和软件。通过云存储，服务器商可以服务成千上万的中小企业，并可以划分不同

消费群体并提供服务；可以为初创公司提供最新、最好的存储，帮助初创公司减少不必要的成本。相比传统的存储扩容，云存储架构采用的是并行扩容方式，当客户需要增加容量时，可按照需求采购服务器，即可实现容量的扩展：仅需安装操作系统及云存储软件，打开电源接上网络，云存储系统便能自动识别新设备，自动把容量加入存储池中完成扩展，扩容环节无任何限制。

② 更好地备份本地数据，并可以异地处理日常数据。由于数据是异地存储的，因此它是非常安全的。如果所在办公场所发生自然灾害，即使灾害期间不能通过网络访问数据，但是数据依然存在。如果问题只出现在办公室或者所在的公司，那么可以去其他地方用计算机访问重要数据和更新数据。在以往的存储系统管理中，管理人员需要面对不同的存储设备，不同厂商的设备均有不同的管理界面，使得管理人员要了解每个存储的使用状况（容量、负载等），工作复杂而繁重。而且，传统的存储在硬盘或是存储服务器损坏时，可能会造成数据丢失，而云存储则不会，如果硬盘坏掉，数据会自动迁移到别的硬盘，大大减轻了管理人员的工作负担。对云存储来说，再多的存储服务器，在管理人员眼中也只是一台存储器，每台存储服务器的使用状况均通过一个统一的管理界面监控，使得维护变得简单和易操作。云存储提供给大多数公司备份重要数据和保护个人数据的功能。

③ 更多的访问和更好的竞争。公司员工不再需要通过本地网络来访问公司信息，这就可以让公司员工甚至是合作商在任何地方访问他们需要的数据。因为中小企业不需要花费资金来打造最新技术和最新应用来创造最好的系统，所以云存储为中小企业和大公司竞争铺平道路。事实上，对于很多企业来说，云存储利于小企业比大企业更多，原因就是大企业已经花重金打造了数据存储中心。

5.2.4 智能施工信息分析运算设备

5.2.4.1 嵌入式处理器

嵌入式处理器是嵌入式系统的核心，是控制、辅助系统运行的硬件单元。其范围极其广阔，从最初的 4 位处理器，到目前仍在大规模应用的 8 位单片机，再到受到广受青睐的 32 位、64 位嵌入式 CPU。

嵌入式微处理器与普通台式计算机的微处理器设计在基本原理上是相似的，但是其工作稳定性更高，功耗较小，对环境（如温度、湿度、电磁场、振动等）的适应能力强，体积更小，且集成的功能较多。在桌面计算机领域，对处理器进行比较时的主要指标就是计算速度，从 33MHz 主频的 386 计算机到 3GHz 主频的 Pentium 4 处理器，速度的提升是用户最关注的变化，但在嵌入式领域，情况则完全不同。嵌入式处理器的选择必须根据设计的需求，在性能、功耗、功能、尺寸和封装形式、SoC 程度、成本、商业考虑等诸多因素中进行折中，择优选择。

嵌入式处理器担负着控制系统工作的重要任务，使宿主设备功能智能化、灵活设计和操作简便。为合理高效地完成这些任务，一般来说，嵌入式处理器具有以下特点：

（1）对实时多任务有很强的支持能力，能完成多任务并且有较短的中断响应时间，从而使内部的代码和实时内核心的执行时间减少到最低限度。

（2）具有很强的存储区保护功能。这是由于嵌入式系统的软件结构已模块化，而为了避免在软件模块之间出现错误的交叉作用，需要设计强大的存储区保护功能，同时有利于软件诊断。

（3）可扩展的处理器结构，能迅速地扩展出满足应用的最高性能的嵌入式微处理器。

（4）嵌入式处理器必须功耗很低，用于便携式的无线及移动的计算和通信设备中靠电池供电的嵌入式系统更是如此，如需要功耗只有"mW"甚至"μW"级。

5.2.4.2　云计算平台

对云计算的定义有多种说法。现阶段被广为接受的是美国国家标准与技术研究院（NIST）给出的定义：云计算是一种按使用量付费的模式，这种模式提供可用的、便捷的、按需的网络访问，进入可配置的计算资源共享池（资源包括网络、服务器、存储、应用软件、服务），这些资源能够被快速提供，只需投入很少的管理工作，或与服务供应商进行很少的交互。

云计算的特点如下：

（1）超大规模。"云"具有相当的规模，Google 云计算已经拥有 100 多万台服务器，Amazon、IBM、微软、Yahoo 等的"云"均拥有几十万台服务器。企业私有云一般拥有数百上千台服务器。"云"能赋予用户前所未有的计算能力。

（2）虚拟化。云计算支持用户在任意位置、使用各种终端获取应用服务，所请求的资源来自"云"，而不是固定的有形的实体。应用在"云"中某处运行，但实际上用户无须了解，也不用担心应用运行的具体位置，只需要一台笔记本或者一部手机，就可以通过网络服务来实现所需要的一切，甚至包括超级计算任务。

（3）高可靠性。"云"使用了数据多副本容错、计算节点同构可互换等措施来保障服务的高可靠性，使用云计算比使用本地计算机可靠。

（4）通用性。云计算不针对特定的应用，在"云"的支撑下可以构造出千变万化的应用，同一个"云"可以同时支撑不同的应用运行。

（5）高可扩展性。"云"的规模可以动态伸缩，满足应用和用户规模增长的需要。

（6）按需服务。"云"是一个庞大的资源池，可按需购买；云可以像自来水、电、气那样计费。

（7）极其廉价。由于"云"的特殊容错措施可以采用极其廉价的节点来构成云，"云"的自动化集中式管理使大量企业无须负担日益高昂的数据中心管理成本，"云"的通用性使资源的利用率较传统系统大幅提升，因此用户可以充分享受"云"的低成本优势，只要花费几百美元、几天时间就能完成以前需要数万元、数月时间才能完成的任务。云计算可以彻底改变人们未来的生活。

（8）潜在的危险性。云计算服务除了提供计算服务外，还必然提供存储服务。但是云计算服务当前在私人机构（企业）手中，而他们仅仅能够提供商业信用。对于政府机构、商业机构（特别像银行这样持有敏感数据的商业机构）对于选择云计算服务应保持足够的警惕。对于信息社会而言，"信息"是至关重要的。另一方面，云计算中的数据对于数据所有者以外的其他云计算用户是保密的，但是对于提供云计算的商业机构而言确实毫无秘密可言。所有这些潜在的危险，是使用者选择云计算服务，特别是国外机构提供的云计算服务时，不得不考虑的一个重要前提。

5.2.5　信息处理平台——移动终端

移动终端作为生活、工作中不可或缺的工具，在高速信息化发展潮流中被赋予了智慧化特征，智能化移动终端逐渐成为综合性信息处理平台，具有广阔的发展空间。目前，比较常见的移动终端包括笔记本电脑、平板电脑、智能手机、智能手表等。移动终端的应用是对平台端 B/S 架构的良性拓展，能实现：只要有网络存在，用户就可以在任意移动终端中访问平台系统，在用户权限范围内调用云数据库资源，访问现场监控系统、材料设备监管情况、平台信息变更日志、上传工作资料、其他参建方协助办公请求、各项工作进展情况等等，满足移动办公需求。另外，在移动终端中嵌入成熟的技术软件或是作为其他大型设备的外设手持的感应工具，能够灵活采集图像、数据，并完成与平台系统的信息对接。移动终端还可以开发、应用工程建设项目管理的相关软件，进行项目现场的人员、设备等信息的统计、管理工作等。

项目施工现场管理可采用移动终端 APP，实时采集项目施工现场质量、安全、进度、技术、设备和材料等管理数据。通过实时上传、本地存储和接口共享实现业务工作的移动化办理、施工现场管理数据的实时采集、施工现场管控因素的智能识别和自动化管理，如图 5-25 所示，涉及质量、安全、进度、技术、设备、材料等的管理，便于现场管理人员实时联动，高效、快捷地完成工作。

图 5-25　施工现场管理移动端

移动端支持的主要应用包括：

（1）质量检查

支持质量周工作安排、质量检查监督（原材料半成品验收与复试、工序检查、实测实量和质量整改）、质量样板引路和质量验收等。项目质量管理人员利用移动端完成"发现质量问题-指派-整改-销项"的质量检查工作，提高现场检查和整改的效率，收集的质量整改数据上传至数据库，通过统计分析得出质量问题的影响因素，给予管理人员重点关注部位及关键工序的提醒，提前制订或调整质量预防措施，合理组织施工，避免返工，将原先的"事后整改"逐步转变为"事前预防"。

（2）安全检查

支持施工安全周工作安排、安全策划、项目安全检查、安全教育、安全技术交底、危险工程管理和环境监控。项目安全管理人员利用移动端完成"发现安全隐患-指派-整改-复查"的安全检查工作，收集的安全隐患整改数据上传至安全问题数据库，通过统计分析得出重大危险源清单，提前制订或调整安全预防措施，及时将危险因素消除，提高现场检查和整改的效率。

（3）进度管理

支持施工周进度计划、周工作安排、计划与资源、整改落实等。应用项目施工现场管理系统，根据项目人员与岗位匹配、项目分区分段设置，系统自动带入对应的工作内容并智能分配各岗位人员的周工作内容，通过计划自动派生主线，串联各岗位日常工作，提升工作关联性。现场管理人员使用移动 APP 对任务的实际开始与实际完成时间进行录入，录入时间与进度计划不符时，实时预警。

（4）设备管理

支持施工设备周工作安排、设备需用计划、起重运输设备管理、安全技术交底、安全整改回复、安全教育、人员管理和合同管理等。项目机管员采用移动端进行设备基础验收、设备进场/退场记录、设备安装验收、设备附着验收、设备自检、设备维保、安全技术交底等信息的录入，采用二维码的方式，管理设备运行、检修状况，施工人员可以现场扫描添加记录，取代传统纸质录入，更加方便、快捷，后台统一集中管理，管理人员可以远程查看设备状态，加强设备监控，确保施工安全。

（5）技术管理

支持施工技术策划、图纸管理、施工组织设计、施工方案、深化设计、技术协调、测量管理和工程资料管理等。项目技术管理人员对项目进行现场检查，登录现场管理APP，对分包施工组织设计（方案）执行情况、施工方案执行情况、设计协调问题等进行信息录入，选择巡检部位、拍照记录检查情况。其中，对不符合标准的检查项要视危险严重情况来决定是否发整改，并填写发整改基本信息。工长可在现场实时收到整改通知单，并在整改完成后通过现场管理 APP 进行回复。

（6）材料管理

支持施工材料进场管理、签收管理、材料试验、材料盘点和废旧物资处理等。现场管理人员通过移动端对现场物资进行全面管理，及时记录采购物资的收料情况和耗用情况，并将相关信息实时同步到项目协同管理平台，租赁物资的进场情况和退场情况，同时系统随时自动统计生成物资收发存汇总表、物资收发存明细表、物资收发存台账记录、租赁周转材进出统计、物资损耗的统计和采购报表等。

5.3 智能建造机器人

5.3.1 测量机器人

测量机器人是指用于工程测量环节，具备测量功能的机器人。有时测量机器人特指 BIM 放样机器人，通过 BIM 模型高效完成放样作业，但其他设备也具备测量功能，如航测无人机，以及上文的三维激光扫描仪等。

（1）BIM 放样机器人

BIM 放样机器人是一种集自动目标识别、自动照准、自动测角与测距、自动目标跟踪、自动记录于一体的测量平台。其主要硬件包括全站仪主机、外业平板电脑、三脚架和全反射棱镜及棱镜杆。

BIM 放样机器人作为一种放样仪器，通过锁定和跟踪被动棱镜以控制测量数据、跟踪主要目标实现动态测量、放样和坡度控制，目前，广泛用于工程施工的各专业领域、如土建、安装、钢结构等，包括控制放样、开挖线放样、混凝土模板和地脚螺栓放样、竣工核查、放样设计中的现场坐标点、放样排水管及通风管道和导管架的墙线等。

BIM 放样机器人在总放设点多、工期紧、精度要求高的大型项目中优势明显。因为传统测量放线外业一般至少需要三个人的测量小组，还需内业进行大量数据预处理，测量中需要进行多次安置、多次调平，费时费力，还无法保证精度。而使用 BIM 放样机器人后改变了外业工作方式和工作流程，只需一人独立完成，后台不需要大量的数据处理，同时还能保证测量精度。与普通全站仪相比，BIM 放样机器人初期设备投入增加，但使用效益显著。

（2）航测无人机

无人机航测通过无人机低空摄影获取高清晰影像数据生成三维点云与模型，实现地理信息的快速获取。效率高，成本低，数据准确，操作灵活，可以满足测绘行业的不同需求，大大节省了测绘人员野外测绘的工作量。

无人机按照飞行平台主要分为固定翼无人机、多旋翼无人机、复合翼无人机。固定翼相较于多旋翼续航时间长，飞行速度快，适合大面积作业，在农林、市政、水利、电力等行业应用更多；旋翼机较固定翼而言，起降场地限制小，适合需要高精度成果的行业，如交通规划、土地管理、建筑 BIM 等方面；复合翼无人机，又称垂直起降固定翼，兼具固定翼长航时、低噪声、可滑翔等优势和多旋翼飞机垂直起降的优势。

通过无人机航测，建立实景模型，可以精确、形象地还原现场施工状况，利于项目管理人员更全面地掌握现场状况，为后续的工作安排和施工提供有效的数据分析，如：场地布置、道路规划方案比选分析、通视分析、敏感点影响分析等。这是原先人工测量无法获得的工作成果，划时代地更新了施工领域技术。

在土方施工量计算方面，通过无人机测绘可以快速得到山区、悬崖、戈壁、河网密布等危险、复杂区域的地形数据，快速、准确地得到项目面积、项目土方开挖量，避免了工作人员进入危险区域进行人工数据测量，也节约了人工现场数据采集所需要的人员配置和时间成本。

无人机测量与传统 RTK 测量（实时差分定位）相比，精度也可达到 RTK 测量 3cm 的误差，初期设备投入较高，专业人员较少，但可产生较大使用效益。

5.3.2　钢筋自动上料绑扎设备

Momeni 等通过将 3D BIM 模型导入 Coppelia Sim 软件中，为机械臂解析钢筋笼的具体信息、规划放置顺序并绑扎，然后研发门式机械臂完成了钢筋笼的制作，如图 5-26(a) 所示。吊装钢筋用的起重机通常也可以装备在绑扎机器上，这样在吊装的过程中也可以完成钢筋绑扎，该绑扎机器人可在 1h 内完成 1000 个钢筋绑扎结，如图 5-26(b) 所示。

(a) 门式机械臂　　　　　　　　　　　　(b) 绑扎机器人

图 5-26　钢筋自动上料绑扎机设备

5.3.3　自动布料设备

自动布料设备主要包含料斗、分配装置、螺旋输送装置和行走装置。料斗主要用来承接鱼雷罐运送的混凝土，螺旋输送装置主要承担卸料功能，采用螺杆强制卸料。在卸料口宽度内均布排列多个螺杆，每个螺杆由单独的变频电机驱动，如图 5-27 所示。

5.3.4　自动支拆模板设备

大型构件预制厂，通常针对某一类构件都备有一整套的钢模模板，并且其模板和流水线生产工艺都较为固定，通常配备了自动化模板机器人，机器人接收构件的尺寸和模板信息，并从模板库中取出对应的模板，将其放置于规划的位置并激活固定模板磁盒，如图 5-28(a) 所示。为了防止混凝土浆体从模板的接缝处溢出，通常需要人工手动在模板处注入填缝材料。另外一种模板体系

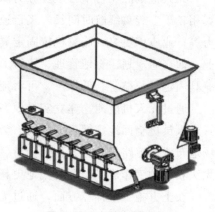

图 5-27　自动布料设备

则是柔性模板工艺（flexible mould process，FMP），其不需要采用装卸模机器人，本身可以自动进行重塑。Adapa 公司推出的自适应模板成形技术，如图 5-28(b) 所示，不仅能够满足常规构件的加工需求，甚至单曲面和双曲面结构也能制造，并且也能对石膏、热塑性塑料、复合材料和玻璃等进行加工。该模床尺寸为 $10m \times 10m$，主要由带有活塞固定点的半柔性膜组成，可以读取 CAD 文件创建的任意曲面。

(a) 自动化模板机器人　　　　　　　　(b) 自适应模板成形技术设备

图 5-28　自动支拆模板设备

5.3.5　自动养护和抹面设备

很多预制厂自建有蒸养室，构件生产后堆叠在模架上同时养护直至脱模（利用抬升架将构件运至相应的插槽内），如图 5-29 所示。构件被运送至指定的养护室也需要一个自动控制系统进行协调。一些预制厂甚至研发了带有刮刀进行自动抹面的光面系统。

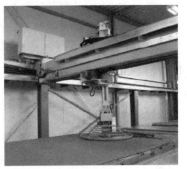

图 5-29　自动养护和抹面设备

5.3.6　地砖铺贴机器人

（1）智能地砖铺贴机器人概述

建筑业生产是由劳动者利用机械设备与工具，按设计要求对劳动对象进行加工制作的过程。在室内家装施工过程中，地砖铺贴是常见的施工环节，需要专业人员实施，但这些人员很多都是年龄较大的施工人员。随着社会老龄化的到来，从事建筑行业的年轻劳动力将出现短缺，因此以机器取代人工是社会发展的必然。

智能地砖铺贴机器人的应用不仅提升了地砖铺贴效率，大大降低了材料浪费及用工成本，同时也顺应了社会发展的必然，逐渐以机器取代重复劳动，由人员负责控制设备主体和施工质量即可。

（2）智能地砖铺贴机器人系统介绍

智能地砖铺贴机器人系统由四个系统组成，分别为：VDP 地砖铺贴工艺设计软件；数据云；BIMVR 地砖铺贴工艺可视化推演软件；地砖铺贴机器人（如图 5-30）。

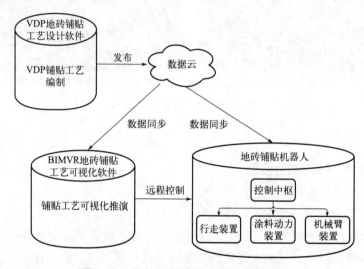

图 5-30   智能地砖铺贴机器人工作系统

（3）智能地砖铺贴机器人的特点

① 可自主设计规划地砖铺贴路径；

② 可自动铺贴多种花色的地砖；

③ 降低施工难度和风险，提升施工效率；

④ 机械设备复用率高；

⑤ 可实现虚拟与实体设备同步关联，实现智能控制设备作业。

（4）智能地砖铺贴机器人的功能

智能地砖铺贴机器人能够自主定位铺贴区域，由吸盘吸附地砖后能直接搬运、铺贴，运作过程简单快捷。地砖空间定位技术可提高铺贴质量，准确检测瓷砖位置，并可以依照程序命令按照不同顺序进行铺贴，完成不同瓷砖花色方案。智能地砖铺贴机器人的运行轨迹是在 VDP 虚拟现实设计软件中完成的（如图 5-31），施工人员可以先在虚拟环境中推演一遍铺贴效果，如达到方案要求即可将命令输出到实体机器人，由实体机器人施工作业（如图 5-32）。

图 5-31　设计地砖铺贴机器人运行轨迹

图 5-32　实体地砖铺贴机器人

5.3.7　抹灰机器人

抹灰工程是将灰浆涂抹在建筑物表面的工程，抹灰除起到找平、装饰、保护墙面的作用外，还可以通过一定的工艺使之直接成为装饰面。抹灰工程按施工部位分为内抹灰和外抹灰，如顶棚、墙面、墙裙、踢脚线、内楼梯等。目前，智能抹灰机器人可应用在抹中灰层和抹水泥砂浆罩面灰环节中。

在目前抹灰机器人系统中主要包括 VR 虚拟抹灰机器人系统和实体抹灰机器人系统两部分，其中虚拟抹灰机器人和实体抹灰机器人通过网络进行连接，虚拟指令通过智能物联网传导给实体设备。

通过虚拟抹灰机器人系统（如图 5-33）能够将机器人的动作提前预演，并及时调整，预演后将运行指令发送给实体抹灰机器人（如图 5-34）；在实际操作中能够看到，VR 虚拟抹灰机器人与实体抹灰机器人动作一致，运行轨迹一致，以实现虚实互联的目的。

抹灰机器人的操作。首先要在虚拟环境里先设置好运行轨迹和运行时长，通过物联

第 5 章

图 5-33　虚拟抹灰机器人系统

网技术将指令传导给实体抹灰机器人，就能成功驱动机器人开始运行了。

图 5-34   实体抹灰机器人

5.3.8   喷涂机器人

（1）智能喷涂机器人概述

目前室内喷涂工艺主要通过人工手动实现，但人工作业效率低、成本高、喷涂质量要求高，因此可将这一重复工作升级为智能化喷涂作业。

智能喷涂机器人是一款喷涂建筑内墙面乳胶漆的自动化设备，能够针对不同通风环境的施工现场对墙面和墙面附着件进行喷涂，同时能够实现自定义装饰图形的喷绘，可通过智能机器人管理系统进行路径设定，可实现智能机械设备代替人工完成喷涂任务。

（2）智能喷涂机器人系统

智能喷涂机器人系统由四个系统组成，分别为：VDP 喷涂工艺设计软件；数据云；BIMVR 喷涂工艺可视化软件；喷涂机器人（如图 5-35）。

（3）特点

① 可自主设计规划喷涂路径；

② 精确控制喷涂范围和喷涂量，减少人工作业的操作误差；

③ 降低施工难度和风险，提升施工效率；

④ 机械设备复用率高；

⑤ 可实现虚拟与实体设备同步关联，实现智能控制设备作业。

（4）主要功能

智能喷涂机器人采用空气喷涂工艺，以压缩空气将涂料雾化进行喷涂。其具备四轮行走装置，能够自由进入不同场景进行喷涂。同时其喷涂加装材料可选，实现对墙面、墙面附着构件的喷涂。智能喷涂机器人配备有喷涂工艺设计平台，可以通过设计平台设定喷涂参数和喷涂路径，在虚拟设计平台实现精准喷涂；然后在实际操作中能够看到，VR 虚拟机器人与实体机器人动作一致，运行轨迹一致，以实现虚实互联的目的（如

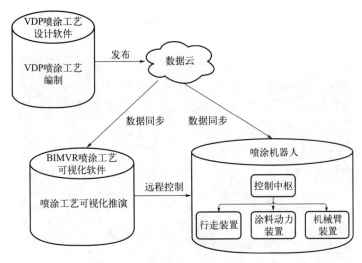

图 5-35　智能喷涂机器人工作系统

图 5-36～图 5-38)，其主要功能见表 5-3。

表 5-3　智能喷涂机器人主要功能

功能名称	功能描述
自动识别控制系统	机器人可在同一网段中自动识别智能机器人控制系统，并开启接收指令的工作状态
路径规划	通过自动路径规划软件，可生成机器人移动和喷涂点位，形成机器人喷涂路径
虚拟喷涂设置	机器人通过 VR 虚拟设计软件设置喷涂参数，并接收参数进行作业
自动喷涂	机器人可以自动喷涂建筑内墙
模块化参数设计	使用软件系统进行模块化参数设计，大大降低编程难度
高涂装效率	机器人运动速度及精度实现高效涂装
系统化控制	通过智能机器人控制系统对喷涂过程管控，随时暂停喷涂

5.3.9　砌筑机器人

（1）智能砌筑机器人概述

当前，世界各国的科技发展逐渐从互联网时代迈向人工智能时代，各行业积极推动智能技术融入产品加工制造过程，从而产生了多种智能产品。建筑业作为我国的支柱产业同样也受到人工智能技术的影响，各类建筑机器人研发工作已逐渐开展。

砌筑工程又叫砌体工程，是指在建筑工程中使用普通黏土砖、承重黏土空心砖、蒸压灰砂砖、粉煤灰砖、各种中小型砌块和石材等材料进行砌筑的工程，包括砌砖、石、砌块及轻质墙板等内容。砌筑工程通常需要大量人力进行施工，然而建筑业从业人员老龄化日益严重，且砌筑完成质量难以保证统一，因此智能砌筑机器人逐渐进入实际项目，以高度智能化的自动砌墙功能代替传统人力施工，在提升施工效率的同时降低用工、用料成本。

图 5-36　虚拟喷涂机器人

图 5-37　虚拟与实体喷涂机器人

图 5-38　实体喷涂机器人

（2）智能砌筑机器人系统

智能砌筑机器人系统由四个系统组成，分别为：VDP 砌筑工艺设计软件；数据云；BIMVR 砌筑工艺可视化推演软件；砌筑机器人（图 5-39）。

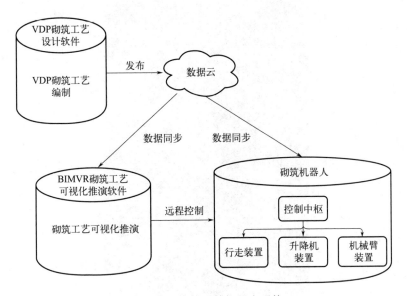

图 5-39 智能砌筑机器人系统

（3）智能砌筑机器人特点介绍

① 可自主设计规划砌筑方法：全顺、一顺一丁、梅花丁、三顺一丁、全丁；

② 可自主指定砌筑方向：从后向前、从前向后；

③ 自动实施砌筑，降低施工难度和风险，提升施工效率；

④ 机器人可移动，机械设备反复利用率高；

⑤ 可实现虚拟与实体设备同步关联，实现智能控制设备作业。

（4）智能砌筑机器人功能介绍

智能砌筑机器人主要由 AGV 导航小车、六自由度机械臂、抓取装置、砖块材料等组成，由智能机器人控制系统控制指令传达，砌筑方式设计在 VDP 虚拟现实设计软件中进行规划。智能砌筑机器人可针对施工现场的复杂作业环境，实现"定位-上砖-抓取-摆砖"的自动化砌筑，严格按照 VDP 软件中设计的砌筑方式，完成全顺、一顺一丁、梅花丁、三顺一丁或全丁等不同的施工方案。

智能砌筑机器人（图 5-40）的砌筑方式首先在 VR 软件系统中完成，作业人员可以先在虚拟环境中推演一遍砌筑效果，如达到方案要求即可将命令传达给实体机器人，由实体机器人施工作业。如未达到方案要求，可返回 VDP 软件系统进行调整，直至虚拟推演结果满意后再进行实体砌筑。

智能砌筑机器人砌筑效率超高，目前世界上效率最高的机器人每天可砌筑 3000 块砖，而砌筑工人每天最多只能砌筑 500 块砖。

图 5-40 砌筑机器人

 思考题

1. 请简述智能施工基础设备在智能施工中的作用和价值。

2. 列举几种常见的智能施工数据采集设备和信息传输设备，并说明它们在智能施工中的作用。

3. 周界入侵防护系统设备有哪些？它们的功能是什么？

4. 特种设备安全数据采集设备有哪些？它们的功能是什么？

5. 质量安全监管设备有哪些？它们的功能是什么？

6. 质量安全移动巡检系统设备有哪些？它们的功能是什么？

7. 描述一种智能建造机器人的工作原理和应用场景，并说明其优点和局限性。

8. 请简述智能施工管理平台的作用，并说明如何实现有效的智能施工管理。

 参考文献

[1] 杜修力，刘占省，赵研，等. 智能建造概论 [M]. 北京：中国建筑工业出版社，2021.

[2] 王宇航，罗晓蓉，霍天昭，等. 智慧建造概论 [M]. 北京：机械工业出版社，2021.

[3] 毛志兵. "双碳"目标下的中国建造 [M]. 北京：中国建筑工业出版社，2022.

[4] 宋仁波，朱瑜馨，郭仁杰，等. 基于多源数据集成的城市建筑物三维建模方法 [J]. 自然资源遥感，2022，

34（01）：93-105.

［5］　杨党锋，刘晓东，苏锋，等 . 城市地下综合管廊智慧运维管理研究与应用［J］. 土木建筑工程信息技术，2017，9（06）：28-33.

［6］　陈相勇 . 基于 BIM 技术的信息共享平台对促进 AEC 项目协同管理的实证研究［D］. 天津：天津理工大学，2018.

［7］　桂宁，葛丹妮，马智亮 . 基于云技术的 BIM 架构研究与实践综述［J］. 图学学报，2018，39（05）：817-828.

［8］　张明，梁森，何兴玲，等 . 基于 BIM 与边缘计算的工程项目资源调度系统研究［J］. 建筑经济，2020，41（S1）：171-174.

［9］　李建明，陆文胜，徐德意 . 预制构件生产线和建筑机器人应用研究现状［J］. 建筑施工，2023，45（01）：168-172.

［10］　刘强 . 基于云计算的 BIM 数据集成与管理技术研究［D］. 北京：清华大学，2017.

［11］　刘世涛，王晓鹏，马少雄，等 . 基于 BIM＋云计算技术的集成应用与架构研究［J］. 科学技术创新，2022（05）：118-121.

第
5
章

第6章
智能建造智慧管理

 学习目标

1. 掌握智能建造智慧管理的基本概念;
2. 理解施工要素智慧管理的内涵及方法;
3. 学会运用智慧建造管理平台解决实际问题;
4. 了解智能建造智慧管理关键技术的发展趋势及前景;
5. 提高学生在实际工程项目中的创新能力和实践能力。

关键词: 智能建造; 智慧管理; 工程应用

6.1 智慧管理

6.1.1 智慧管理概述

施工现场是建筑产品最终形成的场所,施工现场管理是建筑项目管理的重要环节,直接影响建筑产品质量。运营阶段的运维管理,也逐渐向智能化转型。随着新一代信息技术的快速发展,我们正从信息时代迈向智慧时代。近年来,哲学界、教育界和图书与情报管理界相继对智慧理念、智慧价值和智慧服务等方面进行了研究,智慧管理也逐渐进入工程管理视野。现阶段智慧管理主要是对信息的管理,利用 RFID、智能机器人、GIS、云计算、边缘计算和大数据技术等现代化信息技术手段,提高信息的采集、传输和处理速度,挖掘信息价值,为管理决策提供依据。

(1) 智慧管理的概念

智慧管理是以"智慧城市"理念为基础,以科学、绿色和可持续为发展理念,在施工现场管理过程中集成运用 BIM 技术、物联网技术、普适计算技术和可视化技术等技术手段,动态监测施工现场,实现施工现场数据共享、协同管理目标,从而保障施工现场安全,提高管理效率。施工现场智慧管理支撑体系如图 6-1 所示。

(2) 智慧管理的特征

施工现场智慧管理是一种新型管理模式,与传统现场管理方式相比,具有以下特征:

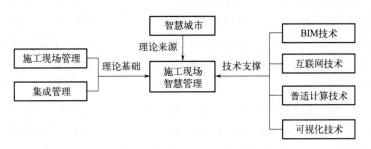

图 6-1　施工现场智慧管理支撑体系

① 智慧化

施工现场智慧管理中的智慧化是指在现场管理过程中具有智慧分析和处理能力，为施工现场各参与方及利益相关者提供人性化服务。通过摄像头、传感器、电子标签和互联网等技术手段实现施工现场的实时感知，智慧管理模型根据现场信息提供对应的解决方案，并随着现场实际情况快速准确地调整，各参与方可以根据自身情况进行选择和决策。

② 集成化

施工现场智慧管理中的集成化主要体现在两方面，一是多种信息技术的集成，二是现场智慧管理内部功能的集成。既有施工现场智慧管理就是在共同的研究框架下，保留各种新兴信息技术的优势并将其集成，为智慧管理目标服务。另外，施工现场智慧管理内部功能的集成使现场管理成为一个有共同目标的整体。

③ 协同化

作为信息中心，施工现场智慧管理可以及时、准确及便捷地为施工管理各方提供项目信息，有效提升项目各参与方协同工作和管理能力，打破传统项目管理过程中存在的"信息孤岛"。同时，利用施工现场智慧管理的协同化特点，可以对施工现场进行平面布置，减少材料、施工机具和机械设备之间的冲突，提高协同作业能力，从而降低施工现场出现风险的概率。

④ 便利化

施工现场智慧管理以现阶段施工现场管理中存在的问题为基础，旨在满足各参与方的需求，为使用者提供多样化和人性化服务。因此，与原有的管理方式相比，施工现场智慧管理更加注重管理过程的便捷性和高效性。施工现场智慧管理为各参与方之间提供了一个有效沟通平台，防止信息传输过程中丢失或失真，从而提高沟通效率。

6.1.2　智慧管理关键技术

（1）BIM 技术

建筑信息模型（BIM）是施工项目实体的数字化表达，利用三维数字技术，建立一个虚拟建筑信息库，把施工项目中的各种工程信息数据集成到信息库中，可以完整描述工程对象。

信息建模是实现施工现场智慧管理的关键环节，BIM 技术是一种数据化工具，是智慧管理参数化建模的核心。作为项目信息的综合载体，BIM 可以将施工过程中产生的数据信息整合起来，实现信息在各参与方之间的传递和共享。在施工现场管理过程中应用 BIM 技术，能够实现信息集成与处理，也为多方协同信息管理提供基础工具。

（2）物联网技术

物联网技术是信息科技产业的第三次革命，通过信息传感设备，按照约定的协议，把物体和互联网相连，实现对物体的智能化识别、定位、跟踪、监控和管理。在现场管理过程中，利用物联网技术的物体标识和集成传感等功能，实现现场信息的交互和联通，管理人员可以准确地了解所需要的信息，及时传递、分析和处理信息，并采取应对措施。

对于施工现场智慧管理而言，物联网技术就像是信息传输的通道及媒介，可以解决项目信息的采集、传递、共享和反馈等路径问题，满足参建各方信息交互的需求。目前，根据在建设项目中的应用水平，可以将物联网技术划分为三个层次，首先是传感网络，通过二维码、RFID 和传感器采集数据，实现对物体的识别；其次是传输网络，通过互联网、广电网络和通信网络等实现项目信息的传输和处理；最后是应用网络，即输入输出控制终端。

（3）普适计算技术

普适计算是一个强调和环境融为一体的计算概念，其目标是在日常生活中嵌入计算，使人们可以随时随地和信息进行交互。施工现场信息来源广，信息结构也存在差异，采集到的信息并不能完整地描述整个项目特征，有时还会出现矛盾和错误。普适计算具有计算和推理能力强的特点，可以筛选采集到的信息，通过对这些信息进行处理、分类和加工，向现场管理人员提供及时、有效和准确的信息辅助决策，从而实现施工现场的实时管理。另外，普适计算技术可以随时随地提供计算空间和可访问的计算能力和资源，在施工现场就可实现信息处理。

现场管理中的实时信息是实现既有施工现场智慧管理的关键，包括人员信息、物资信息、成本信息和进度信息等内容，这些信息大都来自不同的部门，信息结构也存在一定差异，这对现场信息采集和共享方式提出了新的挑战。普适计算可以提高施工现场管理信息交互效率，针对现场信息化管理过程中各参与方的需求，利用普适计算技术在施工现场构建具有强大计算能力的物理环境，为现场管理提供恰当的信息交互方法和路径，保障信息处理效率和精度，为实现既有施工现场智慧管理提供理论依据和技术支撑。借助普适计算技术的超计算功能，可以实时反映施工现场的真实情况，并及时加工处理来源不同的复杂信息。根据施工现场各参与方的个性化需求，设计不同的信息提取、集成、加工、处理和辅助决策方式，其中普适计算的核心工作是信息的采集、加工、处理以及信息管理计划的实施。

（4）可视化技术

可视化技术是以 3D 模型为载体，集成建设过程中的进度、安全和质量等信息，对施工过程进行精细化管理。可视化技术可以实现对施工现场的仿真建模，为管理人员提供可视化现场管理的操作工具，及时修改调整项目进度计划，远程实时指挥建设现场工作。再现施工现场的历史信息和对现场信息的动态优化是施工现场智慧管理对于可视化技术的需求，在施工现场管理中运用可视化技术，一方面可以对现场场地布置进行规划，另一方面还可以实时查询或者修改现场场地使用和机械设备配置情况，从而实现对现场信息的动态管理。可视化技术的应用包括实时可视化、项目进度计划调整、动态范围仿真等。

综上所述，如果将施工现场智慧管理比作人体，BIM 技术就是心脏，主要负责提供模型基础和信息来源；物联网技术是四肢，负责现场数据的采集，提供网络互联和感知；普适计算是大脑，负责现场信息的分析和处理；可视化技术则是眼睛，负责对现场的实时监控，四种技术相辅相成，缺一不可，共同构成施工现场智慧管理，逻辑关系如图 6-2 所示。

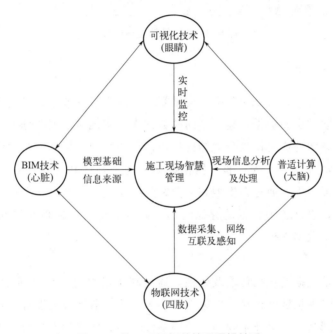

图 6-2　施工现场智慧管理逻辑关系

6.1.3　智慧管理基本框架

根据施工现场管理的非功能性需求，确定智慧管理的总体目标为：实现信息的自动采集、数字化管理及智能分析、不同功能模块集成并实现数据共享和界面简洁、操作简便。为满足上述目标，结合信息化发展战略，通过自上而下的方式提出既有施工现场智慧管理框架，实现对施工现场安全、人员、材料、机械设备、方法和环境的智慧监管。

施工现场的智慧管理不仅可以满足不同参与方对现场信息管理的个性化需求，还能实现对施工现场的有效管控，提高现场管理效率和管理水平，降低事故发生率。依据系统开发相关知识，提出适用于施工现场的智慧管理主体框架如图 6-3 所示。

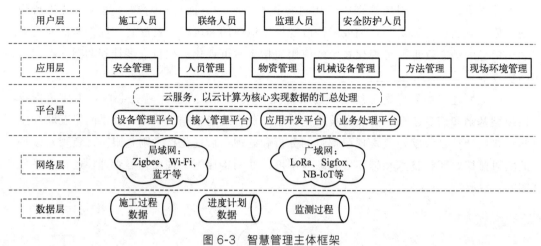

图 6-3　智慧管理主体框架

（1）数据层

根据项目施工特点，将现场数据按类别划分为施工过程数据、进度计划数据和监测数据等。针对不同类别的数据，建立不同的数据库，实现对数据的分类存储和管理。每一类数据根据其结构特征可以划分为结构化数据和非结构化数据，结构化数据可以由二维表结构进行逻辑表达和实现，非结构化数据结构规则性和完整性较差，主要包括文档、图片和各类报表等，通过在模型和文档之间组建链接关系进行管理。数据库是施工现场的信息载体，也是各类数据的存储终端，通过信息交换接口来访问数据库中的数据，为其他层提供数据支撑。

（2）网络层

网络层主要是数据信息的传输及处理，通过利用可视化、物联网和普适计算技术，构建网络体系，将现场红外识别、射频识别和压力传感器等传感设备及其他方式获取的数据信息，通过网络、通信技术和约定的协议传输到数据库和平台层，再对数据进行分析及处理，从而实现信息的共享和交互，支持施工现场各参与方的信息协同管理。

（3）平台层

平台层在智慧管理实现过程中起到承上启下的关键作用，不仅是施工现场数据管理中心，还为应用层中各种应用的开发提供了统一接口，在设备端和业务端之间创建了通道，有利于施工现场业务融合和数据价值孵化，奠定了智慧管理整体价值提升的基础。在施工现场管理过程中，以传感器和信息感知技术为基础，构建信息管理平台。信息管理平台具有感知能力强、能实现信息实时交互的特点，通过平台可以采集和监控施工现场的信息资源，完成信息管理工作。

（4）应用层

以多种新兴技术为支撑，按照预测、决策辅助和应急联动的管理流程，建立信息采集、传递、分类编码和加工处理的管理系统。智慧管理的应用层由安全管理、人员管理、物资管理、机械设备管理、方法管理、现场环境管理六个功能模块组成。应用层是连接平台层和用户层的接口，是用户需求的体现，采用基于网络拓扑结构的 P2P 访问机制，为不同用户提供不同服务。

（5）用户层

用户层是智慧管理的目标受众，主要是施工现场各参与方，包括现场施工人员、现场联络人员、现场盯控人员、安全防护人员等，他们可以通过移动端和 PC 端与中间层进行通信，读取或上传施工相关数据，完成所需的工作。

智慧管理的主体框架主要说明了施工现场智慧管理的层次结构。

6.2　施工要素智慧管理

智慧工地的关键要素简要地说就是："人机料法环安"，即人员管理、机械管理、物资管理、工程质量管理（规则和制度等）、环境管理和安全管理等。

6.2.1　智能工地管理系统

智能工地管理系统面向房建、能源、交通各类工地的管理者，通过 AI 视频、物联感知技术对工地场景中的施工机械、建筑材料、施工规范、施工环境进行监管，完善施工现场项目管控，实现项目管控、特种设备管理、绿色施工、工地巡检等业务功能，沉淀工地监管数据，从机械设备运行数据、环境监测数据、车辆清洗数据、巡检隐患数据等多维度分析工地管理现状，实时更新施工现场数据，全方位感知施工现场状况，从而提升工地精细化管理水平，提高建筑企业、地产企业、住建监管单位对于工地的监督和管理效率。

6.2.2　劳务管理智能化

劳务智能化管理是对作业人员以及管理人员的智能化管理，适用于对作业人员的工作岗位、计划安排、进出巷道的权限、人员分布、安全物资流动等要素进行严格管理，实现对作业人员及设备实时、精确的定位，建立一个完整而实时的管理信息系统，以达到落实责任、提高安全生产技术水平、保证安全生产的目的，特别是当灾害发生时能准确快速识别遇险人员具体地点和位置，提高抢险效率和救护效果。

劳务智能化管理主要功能结构如图 6-4 所示，包括人员信息管理、实时监测、轨迹管理、考勤管理、区域管理和安全管理平台。

人员信息管理多采用劳务实名制管理系统。劳务实名制管理系统采用互联网思维，以大数据、云计算、物联网等新一代信息技术为手段，以劳务实名制管理为突破口，以提高行业劳务管理水平为目标，逐步推动行业实现建筑工人的职业化、劳务管理的数字

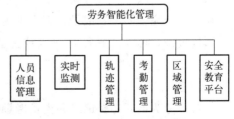

图 6-4　劳务智能化管理主要功能结构

第 6 章

化、资源服务的社会化等。

劳务实名制管理系统实现了对现场人员的管理以及劳务实名制，配合门禁闸机系统，通过软硬件结合的方式，掌握施工现场人员的出入情况。劳务管理采用"云＋端"的形式，使用闸机硬件与管理软件结合的物联网技术，实时、准确收集人员的信息进行劳务管理。

通过人员管理、实时监控、地图贴图这三个工具，搭配报表查看，让项目人员的各项详细数据可视化。主要包括以下内容：

（1）实时监测

通过直观的视觉展示，能让管理者及使用者在第一时间大致了解各种信息及部署情况，缩短了反应时间，加强了工作效率，各项子功能具体为：

① 人员信息滚动

人员信息滚动条，显示实时人员总人数、各工种人数等，用于快速掌握人员相关数据信息。

② 人员实时监测分布

人员实时监测分布图，结合工地分片地图，显示各水平面人员数目及所在的相对位置信息等。

③ 人员详细信息及配置

人员详细信息及配置窗口，主要显示当前人员相关信息，包括工号、姓名、部门、连接终端状态及个人地理定位等。

（2）实时轨迹

本功能通过列表展示，能在第一时间及时监测到人员数据，并通过轨迹播放等功能了解具体状态，各项子功能具体为：

① 人员统计信息

呈现人员统计信息，详细描述总人数、终端在线人数、离线人数、超时人数、最早进场人员信息、最早离场时间信息、最晚离场人员信息、最晚进场时间信息等。

② 人员实时轨迹

人员实时轨迹列表，详细列出目前本系统中所存在的各人员及终端信息，可通过部门、人员等条件选择，提供人员的设备状态、当前位置、进出场时间及实时轨迹回放等功能。

（3）考勤管理

在各分站采集进场、出场人员的信息：通常将人员携带移动终端进场作业时，在入口读取到一次信息（包括时间、个人信息等），作业完毕后在该入口再次读取到一次信息，视为一个完整的考勤记录，记录进出场时间以及工作时长。

通过查询，可以了解各时间段或考勤周期的所有入场工作人员的考勤记录，具体为：

① 考勤查询

该窗口分为最新考勤记录和人员考勤明细两部分：这两部分均能查询人员进出场时间以及工作时长和在监控区域内的历史运动轨迹。

② 考勤信息导出

为了让人员考勤记录有据可依，系统除了在平台上进行相应的展示外，还提供考勤数据导出功能，形成纸质文档，方便项目管理部门进行考勤数据归档工作。

③ 工地人员基本信息管理

此功能主要针对项目人员设置进行增、删、改、查，提供统一的人员报表查询台账，以便灵活、实时地适应项目内部人员的变更。

（4）区域管理

区域管理主要作用是让管理者能够自行添加作业区域，在非监控区域判定终端离线后是否处于工作区间。主要作用是让管理者能够在巷道结构发生变化时自行编辑及修改地图等相关信息，以满足最新的地图定位需求。

（5）安全教育平台

安全教育平台是一个供员工学习安全知识的平台。该平台包括了新工人安全须知、安全技术操作规程、安全生产纪律、安全技术措施等安全知识。同时该平台还可以实现在线测试，考核工人安全知识掌握的程度。

6.2.3　机械设备管理智能化

"工欲善其事，必先利其器。"数字化是企业改革发展的重要手段和重要技术支撑，机械设备管理智能化是时代要求。可以通过数字化管理，优化资源配置、堵塞管理漏洞、提高设备利用率、强化安全管控、降低施工成本，解决施工项目点多线长面广、管理工作量大、管理人员紧缺等问题。

（1）设备管理内涵

机械设备管理包括机械设备信息管理、设备实时监测管理、特种设备管理和设备巡检及维保等方面（图 6-5）。按照先进、可靠、长远发展的要求进行设计，充分体现模块化系统集成的设计思想，满足无线和有线报警联动的功能要求，同时考虑系统增值服务的发展空间，力争实现一个高度信息化、自动化的机械设备管理系统。

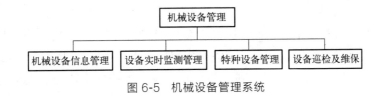

图 6-5　机械设备管理系统

① 机械设备信息管理

传统意义上的设备管理工具或软件，往往局限在业务层面和主数据层面。然而，设备本身并不是孤立存在和使用的，设备之间的生产过程相似度以及相互影响度，是设备能否正常运行的影响因素之一。同时，随着设备的大量使用，越来越多的设备传感器产生的实时数据为构建现场设备管理提供了可能性。这一切都使得设备管理的数字化基础并不是仅仅停留在对过去状态的分析，而应该包含设备的全寿命周期管理。

设备全寿命周期管理平台的数字化，除了能通过电脑、平板等装置快速查看传统设备管理软件能够提供的各类信息，如采购日期、供应商、维修记录、保养记录、保养周期等内容；还可以实现设备各类过程信息的全程可追溯，如用于记录工件信息和加工参数的工况类信息，用于影响因素、过程参数、环境参数等设备健康评估的状态类信息。对机械设备的类型、操作人员信息、所属单位、所属项目、二维码标识等基本信息进行管理，让设备管理全程可追溯。

② 设备实时监测管理

施工单位将智能化技术有效应用到机械设备检测、监控等方面，让其故障检测技术智能化。运用传统的检测技术进行机械设备的故障排查存在较大的局限性，合理运用智能化技术能避免机械设备检测技术、远程监控等方面人工检测的局限性。利用智能化机械设备检测技术能对设备出现的故障及时做出反应，很大程度上减少了由于机械故障所带来的巨大经济损失。

实时监测将设备运行的数据接入到管理系统后台，供管理中心查看。如：设备运行时间、操作员、工作区域等。自主划定电子围栏，设备进入禁入区域时进行报警，便于及时采取相应措施，若设备在规定时间没有工作或超额工作，系统将发出预警信息，通知管理中心。

③ 特种设备管理

特种设备在建筑工程施工建设中的应用已经比较普遍，随着特种设备数量的增长、使用寿命的增加，特种设备相关使用与管理问题纷纷出现，特种设备因其结构上的特殊性与操作上的专业性，使其运行使用过程中设备事故隐患不断增加，相关事故时有发生。

施工现场特种设备安全管理与监测既包括了施工过程中特种设备操作规范的管理与检查，也包括了特种设备的日常维护、检修及保养，还可向管理人员展示整个区域的特种设备（装载机、挖掘机、塔吊等）基本信息、分布情况与运行情况、预警提醒等。综合微电子技术、无线通信技术、厘米级高精度定位等技术于一体，系统可实时全程连续可视化跟踪运动过程，向主管部门、施工方、监理方和操作人员提供及时精确定位的工作信息。

④ 设备巡检及维保

记录设备日常巡检及维保情况，跟踪设备的运行状态。用户通过手机 APP 可以进行移动巡检，发现问题，可以及时拍照或录制视频，上传到系统，将问题及时通知相关责任人。责任人可以在第一时间收到上报信息，及时处理安全隐患，大大提高了巡检效率。

（2）机械设备管理流程

① 采购管理

机械设备管理最重要的步骤就是采购管理。设备采购包括采购计划的制订、供应商的寻找、采购计划的实施、合同管理等。采购的过程必须科学且符合规范，采购的设备需要经济实惠且满足需求。

在采购计划的制订上，设备的采购应当要符合使用部门的实际需求以及后期的要求，应当根据单位提交的设备采购申请去制订采购计划，并按照采购计划落实；在供应商的寻找和管理上，应当广泛收集供货信息，及时组织招标活动，对已有的供应商集中管理和考核，并且要不断保持联系和沟通，确保合同执行以及设备技术和性能合格。

② 设备维修管理

设备的维修主要分为设备巡检和报修。设备及时维修能够延长设备的寿命，节省部门预算，是设备管理中非常重要的一步。

设备的巡检应按照计划进行。到达巡检指定时间，系统便会推送任务提醒巡检人；在巡检时，可通过"GPS 定位＋拍照水印"实现有效监督；通过巡检人员规范打卡，系统自动实时展示已巡检、未巡检设备等数据。

③ 设备保养管理

设备的保养管理是按照公司的维护保养规定进行的。

根据设备部拟定的全年检修保养计划，以每月为阶段，主要由操作工和维修工协作执行，检修后的内容也要上传至系统，以方便后续查看以及相关部门检查。同时为设备生成专属二维码，二维码贴在对应设备上。手机扫描设备二维码，即可打开设备信息表。查看设备档案、说明书、保养记录等信息。二维码主要用于设备检修保养时查看相关资料，是机器的实时身份证。

④ 设备报废管理

设备报废主要是由于设备使用期限已过或者不符合产品现在的需求，需要淘汰或者报废。由相关部门提交相应的表单，设备部来查看产品情况并了解部门情况；如果申报情况属实，则将产品打包，做报废处理。

⑤ 安全管理

安全管理又分安全用电和设备设施使用；其中安全用电可分为电力配送和生产用电两方面；设备设施使用分为设备自身安全防护和生产过程中安全操作两方面。

安全管理要求企业做好员工培训，对所有入职员工逐一进行培训；在安全用电方面，设备部必须要制订好高低压配电系统的监管和维护措施，并且通过交接班进行值班记录；在设备设施使用方面，车间同样也要注意巡检工作，按照上面提到的保修和维护环节严格执行。

以上就是设备管理系统流程的五个重要步骤。

6.2.4　物料管理智能化

智慧物料管理基于真实数据采集、唯一标签流转，深度融合 BIM 部位及材料要素，串联物资从 BIM 模型总量策划到收料仓储管理至半成品加工直至工程实体消耗的各个关键环节，通过"AI＋智能终端""移动＋电子标签追溯""BIM＋量控可视化""数据＋智能决策""云＋知识萃取"等方式，实现工程物料管理的智能化。智慧工地物料管理应用覆盖工程项目物资管理全过程，应包括物资的计划管理、采购管理、验收管理、库存管理和成本管理等方面，广联达、品茗、华筑等厂商都有成熟的物料管理产品。

物料库存管理作为建筑企业项目管理的重要组成部分，如果管理工作进行得不好，既会影响项目施工的正常进行，又对企业成本核算造成干扰，甚至直接影响企业的最终利润。

对于建筑行业的企业来说，仓库规模通常都比较大，料件品种规格繁多、出入库数量大，因此对物料成品从检验、入库、到出库的管控有着更高的要求。因此，通过采用智能化物料管理达到精准出入库以降低成本的方式已成为越来越多企业的选择。

物料管理智能化在实现施工全流程数字化管理的基础上，结合智慧工地智能地磅，实现建筑物料的仓储管理，打通从物料过磅检验、入库到出库的信息流，解决了传统建材物料出入库人工成本高、周转慢、易纰漏、效率低等问题。在确保物料符合质量管理的同时，可有效帮助企业解决现场管理中的各种问题，使项目运转更加高效化与智能化，对项目运营成本的管控具有重要意义。

工程物资管理系统主要包括以下三个功能：物资定位、物资信息管理、视频联动，如图 6-6 所示。

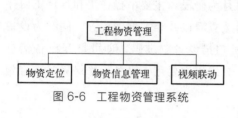

图 6-6　工程物资管理系统

（1）物资定位

物资定位、快速查找：通过物资所携带的定位标签实时定位精准位置，并可根据工作人员的实时位置和目标物资的位置进行路径规划，实时导航，便于查找物资。

（2）物资信息管理

物资数据与标签信息统一，管理人员可一键查询相应物资的实时位置、轨迹记录、名称、属性等详细信息。

为工地地磅称重系统加装传感器及摄像机，在材料车辆进出场称重时，对称重数据进行自动记录、拍照、数据挂钩及上传，自动形成材料进场报表，通过物资材料各环节数据的实时反馈，进行统计分析和成本核算。

（3）视频联动

与视频监控系统联动，发生异常状况时或抽检时，可实时调动相应位置的实时监控视频，全方位、多角度监控目标。

6.2.5　管理方法智能化

施工现场管理系统主要用于施工过程中工序跟踪、进度跟踪、质量监管、责任划分以及施工过程项目团队内部的信息沟通和资源审批等方面。其包括了以下三个功能：工程质量监督管理、工程进度跟踪管理、综合统计图表，如图 6-7 所示。

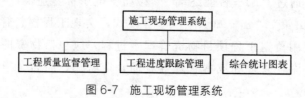

图 6-7　施工现场管理系统

（1）工程质量监督管理

工程质量监督记录在质量安全检查过程中发现的隐患信息，包括隐患点位置、责任单位、责任人、隐患情况信息、图片、视频等信息，并针对相关问题的后续整改过程进行实时记录记载，提供事后查询功能，确保整个管理记录的完整性和管理过程的可追溯性。

质量管理包括：现场巡查记录、整改通知、整改处理以及复核确认等。通过统计分析，对各类质量问题按项目、工序、分包单位以及问题类别进行跟踪分析。

（2）工程进度跟踪管理

结合 BIM 模型进度计划，实时获取模型数据，并根据模型导出对应工序进度计划，由项目责任人每日汇报进度情况，实时更新工程进度，及时调整施工计划和方案，对运料车、人员随时调度，通过监控运料车到达的时间及数量，提前做出准备。

针对各工序实时进度情况，进行进度跟踪，并实施进度预警。

（3）综合统计图表

利用饼状图、柱状图、趋势走势图等图表，直观显示施工现场进度及各项统计数据信息。

6.2.6　环境管理智能化

环境管理智能化是指在各建筑施工工地、道路施工工地、旅游景区、码头、大型广场等现场，实时数据的在线监测，其中监测的数据包括扬尘浓度、噪声指数等，并有视频画面。通过物联网以及云计算技术，实现了实时、远程、自动监控颗粒物浓度以及现场数据，通过网络传输，扬尘监控系统在工作的时候，对一些数值超标的数据会进行自动采集，再通过网络将采集到的数据传输到服务器，实现实时监控。同时系统具备自动报警功能，可以随时掌控环境发生的变化，进而告知有关部门进行整顿，具备报警联动信息输出功能，可以外接喷雾降尘设备，实现联动。

（1）扬尘噪声监测系统

扬尘噪声监测系统是将各种环境监测传感器（$PM_{2.5}$、PM_{10}、噪声、风速、风向、空气温湿度等）的数据实时采集传输，将数据实时展示在现场 LED 屏、平台 PC 端及移动端，便于管理者远程实时监管现场环境数据并能及时做出决策。该系统的应用提高了施工现场环境管理的及时性，并实现了对环境的准确监测，防治环境污染。

扬尘噪声监测系统包括以下功能：

① 户外 LED 显示：可接入 LED 屏，现场实时显示监测数据。

② 扬尘噪声监测：可自动监测噪声、PM_{10} 和 $PM_{2.5}$ 或 TSP。

③ 监测数据分析：对噪声、扬尘的历史监测数据进行统计分析。

④ 视频记录取证：实时监测噪声、扬尘信号，超标触发视频自动拍照并留存。

⑤ 气象参数扩展：提供风速、风向、温度、湿度、大气压等环境参数监测，为监测数据的后期分析提供参数保障。

⑥ 智能联动控制：系统可连接降尘雾炮、自动喷淋等延展控制设备，扬尘超标时智能启动，实现从监管到治理的一体化解决方案。

（2）远程喷淋控制系统

远程喷淋控制系统可通过手动、手机 APP、配对扬尘数据等方式对塔吊喷淋、围挡喷淋、雾炮机等除尘设备进行开关操作，实现监测数据与抑尘设备相结合，实现除尘抑尘。

通过对应工地的扬尘设备数据来进行抑尘设备的开关，当扬尘数值超标，抑尘设备打开。

（3）临边防护监测系统

临边防护监测系统主要用于工地临界围墙等位置，防止外部人员翻墙进入，起到防盗作用，当有人员进入后，系统发出报警，同时将报警数据上传至服务器，通过手机 APP 发出报警提醒，同时抓拍现场图像。主要功能：

① 实时报警

监测到有外人进入，现场报警，系统平台接收数据同时通过手机 APP 推送。

② 报警抓拍功能

平台接收报警数据后，抓拍截取现场图片，系统生成报警日志，将现场图片与报警信息显示出来，用户通过电脑端和手机 APP 查看。

（4）智能危险区域人员监测系统

智能危险区域人员监测系统主要用于工地的危险区域位置，通过传感器检测人员，当有人经过时系统发出报警提示，防止夜间人员看不清进入危险区域，同时将报警数据上传至平台，平台发出报警推送，并且系统具有抓拍功能，人员进入后可进行抓拍。

6.2.7　安全管理智能化

6.2.7.1　现场危险源识别

（1）危险源的主要分类

对于建筑工程而言，所谓施工现场的危险源，主要指的是在施工过程中，可能会造成相关人员人身安全受到威胁的设备、行为、材料等。在工程施工现场，需要对危险源进行辨识，从而确定危险源的种类，了解其特性，以便采取有效的处理方法。工程施工现场的危险源可分为几类：

① 可能威胁施工人员生命的危险源。此类危险源在水利工程的施工现场十分常见，例如有毒物质、易燃品、易爆品以及高空坠物等。

② 在施工过程产生危害人体生命健康的危险源。在实际施工过程中，可能会由于施工噪声过大导致工作人员出现耳鸣、头痛等病症。

③ 可能会破坏施工现场的危险源。例如施工现场的清洁工作不到位，工作环境过于寒冷、潮湿等。

④ 人为导致的危险源。例如，封闭施工时，工作人员未严格准入管理，未采取有

效的防护措施并制订配套的应急管理措施，工人生命安全受到威胁。

（2）危险源辨识的方法

① 运用科学的识别手段。危险源存在于整个施工过程的每个环节中，也潜伏于施工场地及其周边场所中。应针对危险源识别的特点选择科学、合理的方式，包括基础探测、安全探测、工程安全评估和 LEC（likelihood、exposure、criticality）定性评估等方式。通过评估检测危险源风险等级，在保证其结果的精准性、真实性的基础上，根据危险源风险级别采用科学、合理的管控措施。开展建筑工程施工现场危险源识别工作时，按照"精细核查，全面管理"原则识别施工场地及其周边环境，保证核查的精准性和完备性。进行危险源识别工作时，首先需要建立专业化检测团队，团队成员必须具备高水平的检测工艺；其次全方位核实人为因素和施工环境，具体标出危险源的位置，并评估危险源的风险等级。结合风险等级，及时开展合理的修正工作，有效规避施工场地的危险，防止危险事件的发生。对于建筑工程而言，危险源辨识要做到全面，以"横到边、纵到底、主次明、无死角"为原则，进行施工现场和周边环境的危险源辨识，从而确保辨识的全面性、准确性，有效地找出任何可能存在的危险源。

② 危险源的动态识别。水利工程施工现场危险源的类型及触发条件随着施工条件和进度的变化而变化，根据识别本身的特性，按照施工工期，将工序划分为若干个单元对危险源进行动态识别。首先要确定危险源识别的内容，常规的主要识别内容为管理、环境、人员、机械等，除此之外，还有一些特殊类型的危险源。其次，确定施工若干个单元的工序和操作步骤，为确保系统的相对独立性和完整性，需要科学地识别出每个施工步骤，若干个施工步骤组成施工工序，再由施工工序组成工作单元，根据详细的施工步骤和工序归纳不同的危险源，可以得到完整的、具体的工作单元识别清单。由于这种方式工作量大，需要工作人员参考所发生事故的起因、事件、条件等，了解有关规定，核查并整理出全面、准确的危险源辨识清单。

6.2.7.2　塔机安全监控系统

塔机安全监控系统针对大型起重机械的安全监控而设计，功能完善，可实时监控机械运行状态和操作行为，对设备可能出现的异常状态、非正常操作等进行声、光报警，并全过程记录，保证机械设备的安全、稳定运行，减少安全事故的发生，便于事故追溯，提高安全管理水平。

塔机安全监控系统基于传感器技术、嵌入式技术、数据采集技术、数据融合处理技术、无线传感网络与远程数据通信技术，高效率地实现了建筑塔机单机运行和群塔干涉作业防碰撞的开放式实时安全监控与声光预警报警等功能，以及实时动态的远程监控、远程报警和远程告知，使得塔机安全监控成为开放的实时动态监控；并从技术手段上保障了对塔机使用过程和行为的及时监管、切实预警，控制设备运行过程中的危险因素和安全隐患，有效地防范和减少了塔机安全生产事故的发生。

（1）塔机安全监控系统功能

① 防超载功能：搭载重量感应系统，如果起重重量超过塔机的承受重量将会发出报警。

② 群塔防碰撞功能：系统采用 17 位高精度绝对值编码器，与塔吊回转平台精密结

合，通过绝对值编码器计算塔吊的回转角度，精度可达 0.01°，通过 433M/2.4G 模块等开放频段，将塔吊群之间的互通通信周期缩小在 0.5s 之内，保证所有信息的实时性、准确性，快速准确地判断塔吊群内多个塔吊的实时状态并实现防碰撞功能。

③ 区域保护功能：设置保护区域，比如学校等地方，是吊钩进不去的保护区域。

（2）塔机吊钩可视化系统

塔吊吊钩可视化系统是根据实际工况，基于塔吊作业需求，能够实现智能化视频作业的引导系统，该引导系统能实时以高清晰图像向塔吊司机展现吊钩周围实时的视频图像，使司机能够快速准确地做出正确的操作和判断，解决了施工现场塔吊司机的视觉死角，远距离视觉模糊，语音引导易出差错等行业难题。能够有效避免事故的发生，提高工地现场施工效率、降低安全事故率、减少人力成本。

吊钩可视化系统基于塔吊运行过程中会遇到的盲吊、隔山吊等情况，可用于保证塔吊司机作业时的清晰视觉，避免作业风险。其主要功能是通过在塔机大臂前端或小车上安装摄像头，将摄像头捕捉到的画面实时传送至司机室屏幕显示，并通过 4G 或无线网桥实现客户端远程实时查看。吊钩可视化系统既可单独配置，也可和塔机监控系统配套使用，具有如下特点：

① 高清摄像机自动跟钩变焦保证画面清晰；

② 司机室中实时显示吊钩运行画面；

③ 项目部可远程在手机端查看视频、图；

④ 对视频实时分析，实现异常图像存储和报警提醒。

6.2.7.3　施工升降机

施工电梯通常称为施工升降机，但施工升降机的定义更宽广，施工平台也属于施工升降机系列。单纯的施工电梯是由轿厢、驱动机构、标准节、附墙、底盘、围栏、电气系统等几部分组成的，是建筑中经常使用的载人载货施工机械，由于其独特的厢体结构使其乘坐起来既舒适又安全，施工电梯在工地上通常是配合塔吊使用的，一般载重量在 0.3～3.6t，运行速度为 1～96m/min 不等。

施工升降机安全监控管理系统，重点针对"非法人员操控施工升降机"和"维保不及时，安全装置易失效"等安全隐患，一方面通过高端生物识别技术，利用人脸的唯一性及便利性，实现升降机操作人员的持证上岗，有效控防"人的不安全行为"；另一方面强化源头管理，通过维保周期智能化提醒模块，实现维保常态化监管，有效预防"物的不安全状态"。同时结合无线通信模块，实时将施工升降机运行全过程数据传输并留存至建筑起重机械安全监控云平台（PC 端/手机端）及升降机黑匣子上，实现数据事后留痕可溯可查，事前安全可看可防。施工升降机的智能化管理包括如下几方面。

① 人脸识别，预防非法人员操作。人脸识别作为目前技术成熟精准的生物识别技术，具有唯一性、识别率高、效率快等核心优势，因此采用人脸识别技术，结合物联传感设备，预置起重机械操作人员信息，现场智能比对，现场照片抓拍，高效解决施工现场非法人员操控升降机等常态化难题，保障安全。升降机操作人员信息在监控平台上同步显示，一目了然。

② 定制程序，严控维保程序。系统针对维保时维保人员流于形式、安全员疏于监管、操作人员交底不明确等难点问题，借助人脸识别这一成熟生物识别技术，结合物联传感设备预置维保关键责任人员信息、维保项目细分、维保周期智能提醒等定制程序，从监管维保源头抓起，确保升降机等起重机械安全运行。

③ 网上监控，保障安全。安全责任管理主体不但能随时随地看到各种违规预警信息，还能通过 Web/APP 端随机调取查阅维保人员信息、人员现场照片、维保项目明细等信息，安全随时见，信息可追溯。

6.3　智能建造管理平台

6.3.1　建筑工地物联网管理平台

建筑工地施工材料、机械设备、工程车、人员各个环节管理相对复杂，安全管控尤为重要。建筑施工单位想要保障安全生产，做好能源消耗管控，降低生产成本，需要解决很多问题，比如工地施工作业人员多、环境复杂，管理困难；安全管理要求高，人员对风险的辨别能力较低；施工现场的人员、设备出现违规操作无法监测，缺少有效的监管手段；施工状态无法实时查看，无法了解现场进度；现场出现异常灾害情况无法及时发现等。在此背景下，建筑工地物联网管理平台应运而生。

建筑工地物联网管理平台是各业务系统的集中管理平台和监控中心。云平台采用了云服务的架构，依托物联网、工地局域网、互联网等网络基础设施，构建"现场终端＋本地管理平台＋云平台"的三级应用模式。通过管理平台，可实现涵盖劳务、安全、绿色、材料四大业务系统的集成整合、集中管理。同时平台整合了智慧工地 APP，使企业利用移动终端进行日常工作和生产管理成为可能。建筑企业的信息化系统通过移动平台，可将信息化管理系统延伸到移动终端上，将传统的施工管理信息化应用扩展到施工作业面、操作现场等任意地点，可以在业务发生之时立即应用移动端解决，实现工作的时效性和空间性需求，决策层可以随时随地监控、判断、决策，实现敏捷运营管理，大大提高企业的运作效率和运作质量。

（1）建筑工地物联网管理平台系统的主要功能

① 基础数据管理：提供对各个建筑工地、工程项目、承建机构等信息的维护、配置和管理。每个项目工地将分配一个工地代号。各工地的数据汇总以工地代码为标识，按照特定的机构层级进行，实现多个工地的数据汇总。

② 管理分析报表：采用统计报表、曲线图或柱状图等方式，按照年、月、天、小时等定制条件对实名制人员数据、大体积混凝土无线测温数据、噪声扬尘监测数据等业务运行情况进行汇总，生成统计报告，提供按照时间监测设备查询各类监测数据的明细情况。

③ 移动端数据推送：根据监测频度与并发量情况，平台服务器定期将获取的监测数据推送到移动端，借助智能手机，可实时显示高大模板变形监测数据、大体积混凝土

温度监测数据以及噪声分贝、扬尘浓度等环境监测数据，及时排查各类安全隐患。

④ APP 版本管理：提供智慧工地 APP 版本升级与发布信息推送、提供升级版本的下载与管理。用户可以使用手机登记平台直接下载、安装和升级智慧工地 APP。

⑤ 机构用户管理：构建"承建单位-公司-项目部（工地）的机构层级"，利用云服务架构与多用户账号，实现对跨区域的多个承建单位、多个公司、多个项目部工地应用权限与数据权限的集中管理。管理平台通过开通或关闭账户控制各个工地应用系统，适应工地阶段性使用信息化系统的实际需要。

⑥ 智能预警控制：根据实际监管需要，对各类监控对象设置不同的预警条件、预警等级、报警方式和上报对象。支持消息公告、短信、声光等多种报警方式。系统自动分析和计算各类监测数据，对于满足预警条件的情况，采取预定方式进行报警，如消息推送、负责人短信通知、现场办公室声光报警等，实现工地现场的智能预警与应急管理。

⑦ 数据接收管理：实现对各工地数据上报来源、时间、数据包大小等详细情况的自动记录，当数据接收通道出现故障时，可以根据接收记录对上报数据进行追溯与管理。

⑧ 智慧工地 APP：智慧工地云平台支持 PC 端和手机端应用，用户可以通过手机智慧工地 APP 访问平台，查看施工现场运行情况，实现对施工现场的管理和监督。

建筑工地物联网管理平台系统应用模式如图 6-8 所示。

（2）建筑工地物联网管理平台系统解决方案

基于物联网平台搭建的智慧工地管理解决方案，可以帮助施工单位实现现场的人员管理、工程进度管理、现场监控、安全管控，施工方通过 7×24 小时无限制的单个或多

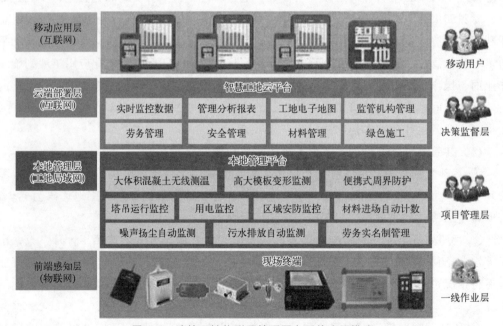

图 6-8　建筑工地物联网管理平台系统应用模式

个项目同时管控，可实现高质量数据多项目共享，支持多种业务模式及多种使用场景，实现工地的智慧管理、高效节能，构建建筑工地管理新生态。

① 人员管理

人员管理包括劳务管理和管理人员管理，包含人员信息总览、考勤统计、项目架构、班组管理、人员定位管理等。

人员信息总览：可统计查看人员类型、人员证书、班组人员统计等信息，实时查看人员培训记录以及人员实时动态情况。所有数据信息均可用图表形式展现。

考勤统计：可查看每个班组管理人员名单，大屏显示班组当月考勤记录、考勤异常记录提示，支持个人考勤记录情况查询，按月统计分析整体人员的出勤率。

项目架构：整体项目的部门与人员组织架构图，包括项目每个层级的人员详细信息与负责业务板块。

班组管理：可实时查看各班组人员情况、施工信息、工程进度等信息。

人员定位管理：人员定位管理系统可以通过在工人出入通道及各施工区域部署的蓝牙信标或者对工人安全帽、智能手环上安装的电子标签进行射频识别，将读取到的人员身份信息和位置信息发送至工地现场管理终端和云平台后台处理数据，从而实现工人的考勤记录和区域定位。人员定位信息可以在地图上进行查看，也可以在三维建模中进行定位展示。

② 安全管理

安全管理包括信息共享平台管理、安全隐患管理（录入与分析）、安全规范制度管理、安全培训。

信息共享平台管理：在系统中建立信息共享平台，可对业务知识和业务相关经验等进行记录和共享，实现在线学习、测试，加强技术技能的培训；也可作为业务人员日常工作的参考或指导，提升业务人员的业务能力。

安全隐患录入：企业及项目管理人员将日常巡视发现的安全隐患拍照上传，设定责任人整改，相关责任人可立即收到整改提醒，落实整改并反馈，通过隐患发现、整改、复查等流程，实现安全隐患动态跟踪，闭环管理。

安全隐患分析：根据安全隐患排查数据库统计情况，对隐患排查治理工作的开展情况、一般及重大隐患、隐患分类等内容进行统计分析。

安全规范制度管理：系统可设置规范的安全管理制度，提醒及强制要求人员在进场作业前必须注意的安全事项，增强现场工人的安全意识。

安全培训：支持创建工作报表模块，可自行定义培训名称、培训时间、培训内容、培训人员等信息，并可添加培训记录等文档信息，支持根据权限进行文档观看下载等操作。

③ 物料管理

物料管理包括机械设备管理、物料统计表、BIM 管理等。

机械设备管理：机械设备管理包括设备综合管理与进出车辆统计。设备综合管理包括对工程所需设备的管理，可查看所有大型机械设备信息、监控画面以及设备状态数据，包括每辆设备的司机、安全员等信息的显示。进出车辆统计中包括当前园区车辆总数展示、卡口车流量分析、入园车流量分析、当前园区人员总数、车辆平均滞留时间分析、入园预约分析等信息，分别以多种分析图表形式展现。

物料统计表：物料统计包含工地收发物料的统计，其中包括当月出、入库材料数量与材料合格率。进场材料管理以及材料每日进场数量统计均以不同图表显示。

BIM 管理：展示工地的整体概况，包括各建筑主体的位置、布局、层高等等；并且可以展示项目发生的报警等其他信息。可以通过三维组件自己搭建效果图，如有已经制作好的模型，也可以通过 iframe 方式进行引用，从而实现对其操作控制。

④ 绿色施工管理

喷淋控制：对施工现场环境进行监管。针对扬尘、噪声、温度、湿度设置压线监测，监测到任何指标超标时，自动启动喷淋系统，支持颗粒物（PM_{10}/$PM_{2.5}$/TSP）监测、噪声监测、气象五参数监测，视频监控录像取证。

能源管理：可针对工地区域的用电量、用水量等数据进行统计和分析，并生成设备用电量、用水量的统计报表及趋势分析图，快速掌握设备能耗现状及能耗数据变化情况。可灵活自定义报表模板。若设备用能超标系统会实时自动报警。

能流图：系统根据工地能源消耗情况，以设备、部门、班组等为用能单位，全面展示工地能源走向，从用能总量，到分支用能，逐级展示能流图，使工地管理部门全面了解各个环节能耗占比。

绿色施工管理：系统可实时监测施工过程中的环境与空气问题，其中包括工地颗粒物、噪声、大气压和温度、湿度等数据，根据数据情况进行图表式分析对比，若数值超限，系统则会实时报警。

6.3.2　智慧工地信息管理平台

智慧工地信息管理平台基于"智慧物联＋数据驱动＋模型驱动"的核心技术，以建筑感知、数字孪生、系统融合和绿色低碳为基底，实现可持续发展的建筑空间运营场景数字化和智慧化管理。

通过物联网收集海量的建筑相关设备设施的运行数据，抽象出物模型，将设备数据对象化存储于云端，并结合大数据技术和 AI 算法分析、学习各工况运行参数和控制参数，助力资产运营方实现能源节能减碳、服务优质精细、运营降本增效，环境绿色健康。

智慧工地信息管理平台通过设备建模对各类带电系统进行集中的数字化在线监管，来达到维护设备健康运行、保障项目平稳运营的目标。主要包括以下内容：

设备全生命周期监测：将设备运维过程中的所需数据串联成知识图谱，给设备设施输出设备健康报告，为设备的精准维护提供数据支撑。

设备运行状态可视化：支持从物联网关采集上报数据，结合 BIM 地图模型显示各个设备数据，打通数据链路一体化，精准掌握设备实时健康状况。

建筑用能节点清晰可见：不同于传统的可视化效果，通过物联网结合电、热、物理状态等特性指标，从建筑设计、热工学、水平衡、风平衡等更多维度建模，采集各个能耗节点数据，全方位地了解用能情况，辅助用能策略。

 思考题

1. 请简述智能建造智慧管理的定义和基本框架。

2. 请列举施工要素管理主要包括哪些方面？通过查阅文献等方式，分析国内外施工要素管理发展趋势。

3. 机械设备管理智能化在我国的建筑领域的应用有哪些？请举例说明。

4. 请分析建筑工地物联网在国内外的发展趋势。

5. 如何将智慧工地信息管理平台应用于实际工程项目中？

 参考文献

[1]　曾凝霜，刘琰，徐波. 基于 BIM 的智慧工地管理体系框架研究［J］. 施工技术，2015，44（10）：96-100.

[2]　黄建城，徐昆，董湛波. 智慧工地管理平台系统架构研究与实现［J］. 建筑经济，2021，42（11）：25-30.

[3]　张裕，刘俊杰，王俊鹏，等. 基于 BIM 的施工管理及深化应用［J］. 施工技术，2022，51（23）：23-26.

[4]　陈会品，刘占省，孙佳佳，等. 哈尔滨站房改造工程 BIM 施工专项管理平台研发［J］. 建筑技术，2019，50（01）：67-70.

[5]　刘占省，刘诗楠，王文思，等. 基于低功耗广域物联网的装配式建筑施工过程信息化解决方案［J］. 施工技术，2018，47（16）：117-122.

[6]　刘占省，张安山，王文思，等. 数字孪生驱动的冬奥场馆消防安全动态疏散方法［J］. 同济大学学报（自然科学版），2020，48（07）：962-971.

[7]　张振国，薛洁，张小龙，等. 基于智能建造的某大型安置房项目安全管理方法应用［J］. 建筑技术，2021，52（06）：684-687.

第 7 章
数字化交付

 学习目标

1. 掌握数字化交付的概念；
2. 理解数字化交付与传统交付的区别；
3. 掌握数字化交付的目标；
4. 理解数字化交付的内容；
5. 理解数字化交付的流程；
6. 了解数字化交付平台。

关键词： 工程项目；数字化交付；流程

7.1 数字化交付概述

国内外很多建设单位都在探索和尝试建设数字化工厂，但由于项目建设没有统一的信息交换标准，致使建设期间、工厂运维期间信息不统一，另外工艺设计、设备管理、现场施工等资源集中管控平台缺失、技术体系无法共享、信息沟通效率低等方面，严重影响和制约了工程建设效率。信息不能很好地被利用，致使建设单位在建设数字化工厂时必须做大量的重复工作，例如图纸的数字化、模型的重建等，而且信息还存在不一致、不完整的问题。

随着以 BIM、GIS、互联网、物联网、AI、云计算等为代表的新一代信息技术的发展，一个大规模产生、分享、应用数据的大数据时代已经到来。数据遍布立项、设计、施工、交付、运营等阶段，是企业的重要资产，实现企业数据资产的核心是数字化交付。特别是随着越来越多的建设单位意识到数字化管理与数字化运维的重要性，对工程建造的数字化交付也逐步重视起来。因此急需利用信息技术创新构建一套新型的信息组织、交换和利用的标准。为规范数字化交付的形式、内容，国家于 2019 年 3 月正式颁布了 GB/T 51296—2018《石油化工工程数字化交付标准》，此标准将重构工程建设整个产业链的信息交付秩序。

2014 年 7 月，住房城乡建设部《关于推进建筑业发展和改革的若干意见》颁布后，上海市住建委于 2016 年起开始全面实施"白图替代蓝图"，在全国范围内率先实现了"设计文件数字化交付"的技术创新。天津、河南、云南、山东等省市相关部门也纷纷尝试推广应用数字化审图，并出台数字化交付相关措施。

7.1.1　数字化交付的概念

随着智能建造的逐步推进，建筑工程项目已逐渐从以简单的设计阶段相关参数资料采集为主转变为包括设计、施工、运维等建筑全寿命周期的数据采集。各个阶段已经具备满足要求的数字信息资源，需要通过数字化交付将"信息"准确无误地传递给下一个环节，以满足全寿命周期的智能管理要求。可见，数字化交付牵涉项目全寿命周期。为了提高运维管理效率和质量，大型公共建筑的运维从人工管理向数据管理转变，而数字化竣工交付则是实现智慧运维的静态信息来源和重要数据基础，是真实物理建筑在计算机系统中映射并移交的工作过程。

《石油化工工程数字化交付标准》（GB/T 51296—2018）中数字化交付的概念：以工厂对象为核心，以工程项目建设阶段产生的静态信息进行数字化创建直至移交的工作过程。涵盖信息交付策略制定、信息交付基础制定、信息交付方案制定、信息整合与校验、信息移交和信息验收。数字化交付也称为数字化移交，是把上游环节产生的工程信息交付给下游环节，用以支持项目建设及管理，确保工程顺利实施的活动。最终的交付物为承载交付信息实现移交的电子文件。数字化交付以工程信息为核心，数字三维模型为依托，工程资料为扩展，数字化交付为智能工厂建设提供强有力的支撑。

数字化交付的基本规定：

① 工程数字化交付工作宜与工程建设同步进行，交付信息应满足完整性、准确性和一致性的质量要求，其内容应与竣工资料所对应的部分一致。

② 交付信息应设置交付级别，并应符合表 7-1 的规定。

表 7-1　交付信息的交付级别

信息等级	描述	代码
必要信息	工厂运行维护需要的关键信息	ESS
可选信息	工厂运行维护需要的一般信息	OPT

③ 交付信息宜采用数字化交付平台组织与存储，交付信息应作为整体知识产权进行保护。

④ 接收方应提供数字化交付策略和交付基础，协调和管理工程数字化交付工作，验收交付方所移交的交付信息。

对现实世界中一个已经存在的工厂或者一个装置进行整体数字化，都是一个巨大的工作量。但现在情况发生了变化，工厂在建设的设计阶段都已经数字化了，新建的工厂大多都是按照数字化设计的"设计图"建造起来的，完全没有必要为了建设数字工厂而采用逆向建模的技术，重新把已经建成的实体工厂再数字化一遍。因此，数字化交付就成为工厂数字化建设的一条捷径。

数字化交付应当成为建设数字化工厂的基础。数字化交付可以把工厂设计、采购、施工、调试及开工等工程全寿命周期各个阶段的数据信息，完整、规范地交付给工厂运营方，使工厂运营方在拿到一个物理工厂的同时，拿到一个完全对应的数字化的工厂，并达到实时互联、协同作业、情景关联和智能预测等数字化工厂卓越运营的标准。

数字化交付说起来是一句话，做起来却是两件事：交付和接收，而这需要交接双方严密地对接才能实现良好的交付。

7.1.2　数字化交付与传统交付

工程项目数字化交付经历了纸质文档交付、电子文档交付、封闭式交付平台数字化交付、开放式云平台数字化交付四个发展阶段。其标准化、数字化程度与信息集成融合度得到了逐步提升，推动了企业数字化转型升级，助力智能化建设。工程项目建设档案交付的发展历程如下：

（1）纸质文档交付：纸质文件，包括各专业图纸及文件资料；

（2）电子文档交付：电子化文件，包括电子图纸、数据表、文件，并采用电子化图纸目录；

（3）封闭式交付平台数字化交付：采用智能设计数据、结构化文档、工程项目数据仓库，即采用文档＋元数据；

（4）开放式云平台数字化交付：云工作平台，采用平台化架构，数据创建过程可视化，实行无缝交付、即时移交。

传统的竣工交付分为工程实体验收交付和技术资料验收交付，并对竣工资料进行结算。传统验收根据设计文件及施工合同，制订验收方案，按照工程质量合格的要求进行验收。在建设工程竣工验收后，建设单位办理建设工程档案接收证明书。工程实体和资料验收交付共同组成了验收交付的工作内容，交流流程如图 7-1 所示。

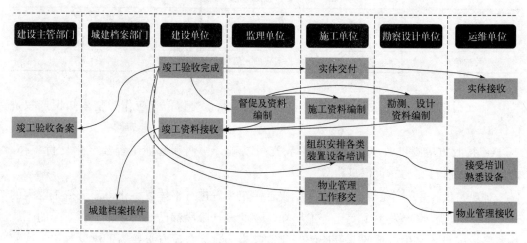

图 7-1　传统交付的流程

数字化交付不是单纯地将纸质档案改为电子档案进行移交，而是从文件的源头上进行控制，实现全寿命周期电子化管理，数字化交付只是其中的一个移交环节。交付过程中各部门共同协作、参与，对自己的环节负责，对自己的产品负责。

具体来看，传统交付和电子化交付的区别如下：

（1）交付内容不同。较传统的文档管理范畴，数字化交付条件下的文档管理范围除传统的纸质或电子文档外，其管理范围扩大至 TEF 文档、数据库文档。传统的交付方式以纸、U 盘、邮件等方式进行资料的流转。

（2）文档移交方式发生改变。传统的竣工交付方式立卷后移交给业主，数字化交付下只有通过交付平台才能交付成功。

（3）管控模式发生改变。传统交付仅需要实施竣工阶段交付管控，而数字化交付需要全过程一体化管控。

（4）绩效指标不同。传统交付仅需要满足竣工验收及归档，而数字化交付需要为运维管理提供数据支撑。

工程竣工数字化交付的创新价值体现在交付一体化提升价值：横向实现项目的五方责任主体和政府主管部门通过一个数据平台实现业务协同和应用；纵向上实现对工程全过程的数据采集和移交管控，实现一体化管理。

7.1.3　数字化交付的目标

项目管理团队可以根据项目的特点和项目的需求确定数字化交付的目标。所以，对于数字化交付而言，首要任务是保证信息的完整，也就是要将信息连接起来，成为有用的信息；其次就是管理信息变更的过程，保证必要的信息被更新，成为有用的信息。

数字化交付的目标分为三个方面：

（1）输入信息。输入信息具有信息校验的机制，需要兼容不同格式，同时具有策略保证信息的正确性。即 BIM 模型信息、合同价款数据等都应该进入交付系统里。

（2）管理信息。管理信息就是将信息联结在一起，管理全部的数据关联关系。

（3）使用信息。根据数据需用方的需求，输出合适的格式、合适的内容，确定交互机制。

企业或工厂建设数字化交付，将具有诸多显著的优势：

（1）数字化交付将大大降低信息传递过程中发生的错误；

（2）系统中数据信息的互联将有效地减少校核工作量；

（3）数字化管理系统可以提高项目施工的准确性和效率，缩短项目周期，从而节约成本，创造更多的利润；

（4）实现设备材料采购过程的数字化管理，漏买、重买或错买设备材料在传统的手工采购方式中时有发生，建设数字化管理后，企业或设计院使用数字化销售进程管理软件可以有效避免此类事件的发生，大大降低成本；

（5）项目在引进数字化设计后，计算机能够代替人工自动地执行和验证各种标准和规范，可大大提高工作效率；

（6）在实施数字化管理后，设计人员能够在虚拟的空间中进行工厂的组装，具有身临其境的真实感，可以避免错误的设计，大大提高设计工作的准确性和效率。

第 7 章

7.1.4　数字化交付的策略

信息交付策略应考虑如下因素：

（1）应确定信息交付的目标及参与方的组织机构、工作范围和职责。

（2）应明确信息交付遵循的法律法规及标准。

（3）应明确交付信息的组织方式、存储方式和交付形式等。

（4）应明确信息交付验收标准。

（5）应包含信息交付流程。

（6）应包含质量管理方案。

信息交付方案应根据信息交付策略和交付基础细化相关内容，应包括下列内容：

（1）信息交付的目标

结合项目的特点及建设单位的需求确定项目数字化交付的目标，包括统一应用智能设计工具；构建以工厂对象为核心的信息组织模式，实现信息以工厂对象为核心的智能关联和管理；通过制订统一的数字化交付标准，实现各个工程承包商交付数据的标准化；工程承包商交付三维模型，实现工程数据的可视化和智能关联；满足工程项目数字化交付和向智能工厂拓展的需求的同时，提升业主的生产、运维管理水平。

（2）确定整体组织机构

数字化交付是一个复杂的系统工程，为保证工作的顺利开展，业主有必要委托富有经验的数字化交付管理服务商来承担数字化交付的管理工作。典型的数字化交付项目整体组织架构如图 7-2 所示。

图 7-2　数字化交付的组织架构

（3）明确交付信息的组织方式、存储方式和交付形式等

各承包商以信息模型形式进行交付，在执行过程中，各承包商使用业主的电子文档管理系统交付平台，按数字化交付规定要求的信息组织方式提交原始电子文件，这些电子文件包括三维模型、图纸、设计文件、工程数据表、采购文件、施工文件、SPP&ID 数据库等。

应对各承包商提交的终版交付物进行校验、处理，并将其整合到数字化交付平台中，最终形成包含完整工程项目信息的数字化交付平台。

（4）明确信息交付验收标准

验收信息时应确保下列方面达到要求：

① 工厂对象无缺失，且类型正确；

② 工厂对象数量符合规定要求；

③ 工厂对象属性完整，必要信息无缺失；

④ 属性的度量单位正确，属性值的数据类型正确；

⑤ 无文档缺失；

⑥ 文档命名和编码符合规定要求；

⑦ 工厂对象与工厂分解结构、工厂对象与文档间的关联关系正确；

⑧ 数据、文档和三维模型符合交付要求。

（5）制订信息交付流程

把掌握在设计院和施工单位手中的规划、设计、施工等工程技术信息（即数字静态信息），建立一个工程数据平台，让业主方能够在工程结束后以数字方式存储和管理项目数据和动态数字信息（管理和运营数据），这是以"动静结合"的方式参与数字化交付，是建筑行业数字化建设的基础，同时也是数字化移交的目标。数字化移交还需要建立统一的数字数据传输标准，对数据交付深度、范围和方式等进行精细化研究确定，将相关数据接口导入 BIM 模型，实现虚拟实体和物理实体间的数据同步、交换。

7.1.5　数字化交付的方案

较为理想的交付方式是打通设计软件、管理软件、工程数据中心（系统）等与交付平台间的接口，通过制订规则，实现工程数据、模型、文档等的线上传递，最大限度地避免人工录入数据等现象，真正实现数据源头统一、协同维护，使数字化交付变成项目建设竣工交付时水到渠成的环节。

交付信息：工程建设过程中产生的需要交付的设计信息、采购信息、施工信息等内容，包括信息模型和其他与工程对象关联的信息。

应制订数字化交付方案，在方案中进一步细化落实交付策略内容，形成具体可执行的方案。方案的重点要素归纳如下。

（1）明确各相关方组织机构及界面关系，形成典型的数字化交付管理服务商组织架构。同时业主及工程承包方也应建立与数字化交付管理服务商相对应的组织机构，并明确各方的界面关系。

（2）编制数字化交付规定程序。为保障数字化交付项目的顺利实施，应编制下列项目规定与程序文件，各承包商在项目执行过程中应严格遵循相关规定。规定与程序文件主要有以下几项。

①《项目数字化交付策略》，主要定义工程项目数字化交付的总体策略，是编制后续规定与程序文件的基础和指导原则。

②《项目数字化交付总体实施方案》，包括数字化交付项目的实施目标、组织机构及职责、工作范围、工作流程、进度计划等，指导项目具体实施。

③《项目工厂对象分类及属性移交规范》（类库），主要定义工厂对象的类、属性、

项目文档类型，以及类、属性、文档、计量单位间的关联关系。类库为项目过程中保证不同承包商、不同系统间信息的一致，提供统一的信息交换基础。

④《项目文档编码规定》，定义工程项目中文档的命名编码规则。

⑤《设备编码和命名规范》，定义设备、电气、仪表及管道的编码规则。

⑥《三维模型内容规定》，统一规定工程项目三维模型的内容和深度，明确各承包商在执行项目时三维模型设计和交付时所应达到的标准。

⑦《智能 P&ID 规定》，统一承包商使用的智能 P&ID 设计软件，并对工作方式、交付内容和交付时间等进行规定。

⑧《供应商数字化交付管理规定》（供 EPC＋供应商），规范并指导承包商及供应商开展数字化交付工作，使供应商提交的终版信息满足数字化交付项目管理要求。

⑨《供应商数字化交付管理规定》（仅供应商），规范并指导供应商开展数字化交付工作，使供应商提交的终版信息满足数字化交付项目管理要求。此规定可直接作为招标的技术要求。

⑩《项目文档交付内容规定》，统一定义项目交付文档的内容及格式要求；规定交付的三维模型交付格式、文件命名规则等，定义数据交付模板。

⑪《项目数字化交付管理程序》，规定数字化交付物的交付及管理流程、电子文档管理系统的应用要求等。

⑫《数字化交付质量审核方案》，规定对数字化交付项目的质量管理和对数字化交付物的审核、反馈工作流程。

⑬《数字化交付验收方案》规定数字化交付项目完工验收的工作内容和相关规定。

7.2　数字化交付的内容

数字化交付宜采用交付平台移交形式，也可采用信息模型移交形式。信息模型移交形式应符合信息交付方案约定的信息模型组织规则。数字化交付的形式由实际项目决定，受到商业合同、业务模式等因素的影响。

依据工程建设各阶段应用需求及建设档案管理现状，数字化交付可分为建设期交付、中间交付、竣工交付三个阶段，结合交付阶段制订项目数字化交付总体实施进度，确保数字化工厂与物理工厂同步建设。

7.2.1　交付内容

交付内容包括数据、文档和三维模型。具体包括：合同规定的工程各阶段的相关成果，如设计、施工、竣工、运维模型，协同平台及相关报告、材料、图纸等，以及项目验收需提交的工程管理和技术资料。交付内容宜包括信息来源（表 7-2）、交付级别、专业类别和文档类别（表 7-3）等信息。

表 7-2　信息来源

代码	内容	代码	内容
O	建设单位	C	施工单位
E	工程设计单位	S	监理单位
P	采购和供应单位	T	检测单位

表 7-3　文档类别

代码	内容	代码	内容
DP	说明书	SP	规格书
CL	计算书	ID	索引表
DS	数据表	DW	图纸类
BM	材料表	RE	记录类

数字化交付内容具体包括：项目设计、采购、施工和试车各阶段产生的模型、资料文档、工厂对象属性等信息，以及工厂对象与资料文档的关联关系，涵盖三维模型（交付竣工图模型，与物理工厂一致）、智能 P&ID（满足 PID 与三维模型的智能关联）、非结构化文件、属性数据及关联关系等文件，交付物数据格式均采用国际化通用格式，可与国际主流数据平台进行衔接，图 7-3 列举了需交付的数据类别。具体交付内容有：

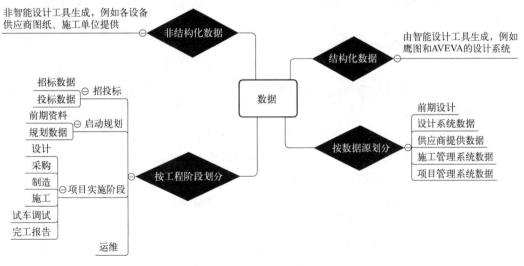

图 7-3　数字化交付的内容

（1）三维模型：使用三维建模设计软件完成的工厂模型，涵盖了总图、配管、自控、电信、电气、设备、给排水、消防、结构及暖通空调等专业，建模深度应满足相关规范要求。

（2）管道 IDF 文件：是指使用三维设计软件生成的管道轴测图数据文件。

（3）智能 P&ID 图：包含图形文件、参考数据库以及相应的报表等，除此之外，还应提交与质量检查相关的报告文件。

（4）智能仪表设计：使用智能仪表设计软件完成仪表索引表和仪表规格书的设计，并按交付要求输出相关设计成品。

（5）工厂对象属性：针对每个类型的工厂对象，需要交付由智能设计工具生成的结构化的数据。

（6）资料文档：针对每个类型的工厂对象，需要交付的非结构化的资料文档。包含供应商需按规范要求提交的三维模型、属性数据及文档资料；施工单位需按规范要求提交的属性数据及文档资料。

7.2.2   数字化交付的数据

一般情况下由接收方提出具体的交付数据要求，其中属性值和计量单位需在项目中定义完备，一般包含：

（1）与生产相关的关键属性，如工艺属性、机械属性、设计属性等；

（2）安全、风险、可靠性维护相关的属性；

（3）关键备品备件的信息；

（4）重要的采购信息，如订单号；

（5）按项目需求确定的工厂运行维护过程中的其他属性；

（6）采用项目统一规定的计量单位。

交付的数据按类库组织以确保能够正确地加载到交付平台，且关联关系正确。

7.2.3   数字化交付的质量控制

建设单位或受委托的数字化交付服务单位对参建单位交付的内容进行审核确认，确保交付数据的质量，需要达到如下要求：

（1）一致性：设计单位需保证，交付模型与交付图纸的一致性，交付模型与竣工的物理工厂及竣工资料完全一致，包括辅助设施和地下工程等；

（2）准确性：属性数据以及关联文件均需要准确；

（3）合规性：交付内容是否满足建设单位发布的相关规范和标准要求，是否包含编码、命名、分类、数据格式和模型深度等；

（4）完整性：已交付内容与项目交付规定内容的对比，基于项目物理工厂对象，检查模型、属性、关联文档资料的完整性。

交付文档的内容与原版文档一致，并应符合下列规定：

（1）当原版文档为纸质文档时，应扫描为电子文件；

（2）当原版文档包含不止一种文件格式时，应转换为统一格式的电子文件。

国内项目数字化交付的交付进度及数据质量等方面难以把控验证，主要体现在以下几个方面：

（1）对数字化交付阶段的界定不清晰。项目交付并非建成后一次性移交，交付信息应支撑建设单位在工程建设阶段、过程移交、竣工验收阶段不同的应用需求，数字化交付的数据信息应分阶段按需交付。

（2）数字化交付的进度控制和质量控制手段不足，无法满足交付过程控制的需求。大多数项目采用人工统计的方式进行过程控制，该方法难以在交付过程中准确、客观、随时地掌握数字化交付的进度情况和质量情况，难以确保交付数据的合规性、完整性和一致性。

（3）在工程建设阶段，施工单位对成套设备室作为整体进行识别和管理，而在运维阶段，需要对单体设备进行单独识别和管理。

（4）数字化交付平台与建设单位的应用系统缺少衔接，不能做到信息高效共享，无法实现数据即开即用，需要建设单位进行额外的数据处理和加工。

7.3 数字化交付的流程

7.3.1 交付数据结构

数字化交付的关键路径是以统一的数据结构进行创建和交换，需要对关键业务数据进行梳理，建立行业数据标准，规范关键业务数据的内容、格式、结构等。数据的生产者根据数据标准进行数据创建，从而达到数据结构的统一。

智能工厂交付标准主要涉及交付内容、深度要求、流程要求等数字化交付标准，及各个环节、各个系统、系统集成等竣工验收标准，目的是保障工厂符合预期建设目标，确保交付数据信息满足工厂运行需求。

7.3.2 建立标准化类库

应对工程对象进行分类和整理，以《石油化工工程数字化交付标准》为依据，形成一套包含工厂对象分类及其属性和关联文档的企业级标准化类库。基于标准化的类库实现对数据的校验，保证数据的一致性、准确性和完整性。标准化类库不仅可以指导设计的数字化，同时也可作为数字化移交的标准。

（1）类库建立原则类库建立需遵循一定的原则，包括以下几点。

① 结构合理、层次清晰、内容完整并支持扩展。

② 工厂对象类应有继承关系。

③ 工厂对象类、属性、计量类、专业文档类型的名称应唯一、易识别且无歧义。

④ 类库设计应支持信息校验。

⑤ 工厂对象类宜根据工厂对象功能或结构等分类，可分级建立。

⑥ 属性应包括工厂对象类具有的典型特征，宜分组管理并设置交付级别。

⑦ 计量类应包括所有属性涉及的计量单位分类。

⑧ 专业文档类型应由专业和文档类别共同确定。

⑨ 确定工厂对象编号原则，且工厂对象编号应满足唯一、快速定位和检索的要求。

⑩ 确定文档编号原则，且文档编号应包含专业类别、文档类别、版本等信息，且满足编号唯一、快速定位和检索的要求。

（2）类库建立根据以上原则，应包括工厂对象类、属性、计量类、专业文档类型等信息及其关联关系。

7.3.3 信息移交

信息移交应按照信息交付方案约定的交付形式及进度计划执行。信息移交应提供交付信息的电子文件清单，移交清单应包括文件名称、格式、描述、修改日期和版本等。

7.3.4 信息验收

交付信息验收应按数据、文档和三维模型的交付物清单执行。交付信息验收应依据信息交付基础验证交付信息的完整性、准确性和一致性。

交付信息验收应包括下列内容：

（1）工厂对象无缺失、分类正确；

（2）工厂对象编号满足规定；

（3）工厂对象属性完整，必要信息无缺失；

（4）属性计量单位正确，属性值的数据类型正确；

（5）文档无缺失；

（6）文档命名和编号满足规定；

（7）工厂对象与工厂分解结构之间、工厂对象与文档之间的关联关系正确；

（8）数据、文档和三维模型应符合交付物规定。

交付信息验收后应形成验收报告。

7.4 数字化交付平台

数字化交付平台是最终实现数字化交付的核心所在，操作简单、维护便利、性能稳定和安全性高是交付平台所必备的基本要求，交付平台的作用是确保各个建设单位或部门之间的资料信息能够得到及时且充分地流转和调用，从而为数字化工厂的建设和数据的智慧化管理提供充分的数据支撑。

目前通常采用的交付方法是：交付方和接收方各自使用同一软件公司的数据平台，交付的过程基本上是交付方的数据导出和接收方的数据导入。也有不少企业尝试采用基于 Web 技术的数字化平台，可以部署在公有云或私有云的云端，也可以部署在企业局域网中，采用 B/S 和 C/S 双架构，如图 7-4 所示。

数据产生：数据包括结构化数据和非结构化数据。结构化数据文件包括：设备数据表、系统数据清单和工程物资清单，这类文件以 Excel、Access 等文件为主，主要来自设计、供货商、监理方、业主等；非结构化数据包括说明文件、表单文件和图纸文件，

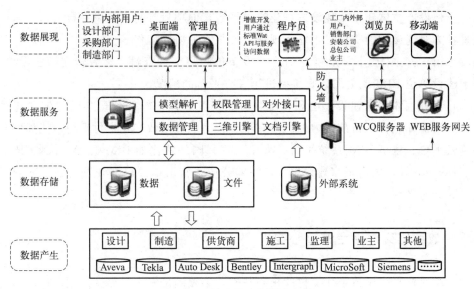

图 7-4 数字化交付平台架构

也包括各种模型文件。

使用 iTwins 平台进行数字化交付载体、存储和管理数字化交付的探索和实践，交付的简易流程见图 7-5。

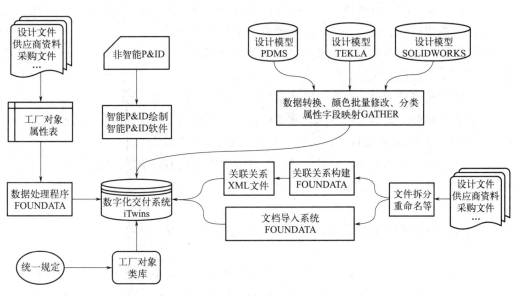

图 7-5 数字化交付流程示意

7.4.1 数字化平台的建设模式

数字化平台的建设模式一般主要有三种，分别是：建设方主体建设、第三方主体建设和多方主体共同建设。具体区别如下：

（1）建设方主体建设。建设方搭建交付平台，向项目参与方提供平台入口，这样本质上是各方对建设方的交付，不能实现项目参与方的协同工作。

（2）第三方主体建设。该第三方帮建设单位收集交付资料，之后转交给建设单位，适用于建设单位 BIM 能力弱，直接引进第三方平台的情况。

（3）多方主体共同建设。由项目参与方、资源单位、软件公司共同实施和建设平台，共同维护和完善。目前国内外已经有不少较为成熟的数字化交付平台，比如广联达的协筑云平台、鲁班 BIM 系统平台、大象云等，国外的比如 BIMX、Aconex、Project Wise、Revizto 等，国内很多建设单位、咨询公司、施工单位也都开发定制了适用于自己项目的交付平台。

7.4.2　数字化交付平台的核心要素

数字化交付平台是数字化交付的核心基础，必须满足安全可靠、使用简单、易于维护、性能稳定、可扩展、兼容性和集成性强的要求，确保各主要建设内容之间的数据能得到共享和利用。

数字化交付平台的核心要素应包括：

（1）广泛兼容的数据库系统，能够满足大数据扩展应用，兼容主流的数据库。

（2）应具备灵活可扩展特性，对于用户管理要求的变更，能及时调整、快速适应。

（3）具备工程项目管理能力，包括项目协同、立项管理、设计管理、采购管理、供应商管理、费用管理、合同管理、进度管理、变更管理等。

（4）具备一定的生产运行管理能力，包括但不限于生产调度、物流管理、计划管理、物料平衡、操作优化等。

（5）应支持灵活的设备分类，能够适应工厂设备管理需求。

（6）能提供强大的接入能力和扩展接口，支持工业标准协议、HTTP（超文本传输协议）、物联网即时通信协议等，支持后期根据需要进行二次开发。

（7）满足安全性和开放性要求，能够对各级用户分配不同角色，根据不同用户、不同角色，进行相应的权限限制和管理。

7.4.3　数字化交付平台目标

工程竣工数字化交付平台以竣工交付业务为主线，服务政府监督部门、建设单位、运维单位，规范工程竣工的数字化交付行为和成果，突破建设、运维信息数据断层，实现工程数据全寿命周期管理的质量和可持续性，体现在如下三方面：

（1）"一次填报"全程应用

通过工程建设过程数据即时填报，实现信息共享、数字传输等功能，将竣工验收阶段成果移交转变为工程全过程无纸化获取应用，实现工程参与各方"一次填报"，全程在线应用，大大减轻企业成本。

（2）"一个平台"监管到底

建立工程全过程全息数据中心，打破现有管理方式，实现竣工交付数字化，过程监督在线化，为整个过程建设项目的竣工验收备案、城建档案报件，运维交付提供公开透明的查询管理、留痕管理，精确把控交付过程。

（3）"一套模型"延伸应用

实现工程项目数字化管理，把完整竣工的 BIM 模型归档至数据库中，利用 BIM 模型信息集成实现整个工程建设项目档案管理完整性，在后续改扩建工程和运维管理过程中，为企业和政府相关主体提供调档服务，为工程建设时的监管提供数据支撑。

7.4.4　数字化交付前瞻和挑战

当前的数字化交付还处于起步和试点阶段，交付和接收的双方都在探索最佳的对接模式，在认识层面、组织层面和技术层面都存在一些挑战。

（1）数字化交付的根本目的是让数据创造价值。从传统交付发展到平台化设计时代的数字化交付，不仅改变了交付物的形态，更重要的是数字经济时代数据的核心要素价值要在交付中实现数据的价值创造，为业主方带来新的生产模式和管理模式。

（2）提升设计端的协同设计能力。在项目开始建设之前，不同设计单位的设计成果交由 EPC 承包商指定的软件承包商来进行集成，通过标准化集成，跨越不同的专业、不同的系统、不同的数据格式，从而实现面向工厂的整体协同，贯通业务流程，消除数据孤岛。

（3）搭建数字化交付平台，跨越建设到应用的鸿沟。如果业主方有数字化承接平台，可以是一个单独的交付凭条，如果业主方没有承接平台，要兼顾双方的需求。

数字化交付是价值交付，这个价值要在业主方对工厂的运行管理中得到实现。因此，数字化交付不仅对建设方提出了很高的要求，同样对业主方的数字化能力也提出了挑战。

数字化交付需要业主方从工厂建设到运行全周期进行策划，确保交付的资产能够在工厂的生产运行管理中发挥作用。从数字化设计开始，业主方就要给出明确、详尽的数据需求，并具备接收、管理这些数据的工具和平台。

 思考题

1. 什么是数字化交付？
2. 数字化交付和传统交付的区别是什么？
3. 数字化交付的目标包括哪些内容？
4. 制订的数字化交付方案应包括哪些内容？
5. 数字化交付的数字包括哪些内容？
6. 交付信息验收应包括哪些内容？

参考文献

［1］ 周进，陆航，张剑峰，等．基于数字化交付的石油库设备全生命周期管理系统的研发与应用［J］.石油库与加油站，2023，32（04）：5，10-13.

［2］ 朱敏，杨秋香，罗伟，等．基于 BIM 技术的海绵城市数字化竣工交付应用［J］.萍乡学院学报，2023，40（04）：87-92.

［3］ 张兴军．基于建筑信息模型的数字化交付在城市轨道交通工程中的应用［J］.城市轨道交通研究，2023，26（07）：236-240，245.

［4］ 廖志国．BIM 技术协同集成项目交付的水利工程项目建设研究［J］.水利科技与经济，2023，29（05）：97-101.

［5］ 张兴军．BIM 数字化交付支撑的数字孪生运维系统应用实践［J］.建筑技术，2023，54（10）：1272-1277.

［6］ 赵康为，李明轩，吕彩霞，等．基于 BIM 的建筑运维信息标准化交付研究［J］.住宅产业，2023（04）：57-60.

［7］ 罗钢，刘俊杰，刘攀，等．基于 BIM 技术的智能数字化竣工交付在激光小镇项目中的应用［J］.建筑技术，2023，54（02）：132-134.

［8］ 赵飞飞，苏林，渠润涛，等．铁路工程 BIM 设计成果集成数字化交付技术研究［J］.铁道工程学报，2022，39（12）：97-103.

［9］ 何丽微，王忠鑫，王金金，等．BIM 设计与数字化交付在矿山工程中的应用［J］.露天采矿技术，2022，37（06）：35-37，42.

［10］ 高子淳．基于石油工程的数字化交付文档研究［J］.数据，2021（11）：95-97.

第8章
智能运维

 学习目标

1. 了解智能运维的基本概念，掌握智能运维管控平台架构、数据库架构和系统功能，理解其在智能运维中的作用；

2. 掌握建筑环境监控系统、建筑设备管理系统、生产设备管理系统、建筑能源资源管理系统、安防管理系统和物业管理系统等关键子系统的功能和应用；

3. 理解各子系统在智能运维全寿命周期中的作用和价值，以及它们之间的相互关系；

4. 培养创新思维和实践能力，提高在智能运维领域的综合素质。

关键词： 智能运维；建筑环境监控系统；建筑设备管理系统；建筑能源资源管理系统；安防管理系统

智能运维系统作为建筑的"心脏和血管"，高效工作和灵活管控将为业主提高经营效益奠定坚实的基础。工程设计阶段、施工阶段数字化是智能运维的基础和信息源头，在运维阶段充分利用建设阶段数字化成果，是智能运维的核心环节。

本章主要针对工程在运维阶段利用智慧建造阶段形成的平台技术和数据，开发"数字化"的，以直观展示、简单操作为中心的应用场景，实现全寿命周期的智能运维管理功能。

8.1 智能运维概述

为了满足工程在运维阶段全要素、全方位、全流程的管理要求，解决日益增多的后期管理问题，智能运维技术应运而生。智能运维技术是将物联网技术、大数据技术、BIM 技术、GIS 技术、云计算技术、人工智能技术等多种新型技术进行有效融合，并通过智能运维平台及各类信息化平台加以展示与应用的复合型技术。智能运维通过运维对象感知数据的可视化管理，对各对象的运维管理过程进行融合集成，实现建筑空间、设备、运维人员之间的互联互通。通过建筑环境、设备、能源、安防等状态监测、日常巡检与故障报警处理等，提升运维管理的智能管控能力。

智能运维实施成果落地的前提是必须具有场景模型重构能力、智能化咨询服务能力、多图形引擎技术调用能力、物联网数据集成能力、业务应用研究能力、可视化能力、人工智能应用能力这七项关键技术能力储备。

智能运维通过智能运维的云服务支撑平台（如图 8-1），利用物联网技术对子系统的运行状态进行监测、运行数据进行采集以及控制部分系统的运行与联动；采用云计算技术对系统的运行状态、运行数据进行数据存储与数据融合，利用大数据技术进行数据分析；通过 BIM 技术、GIS 技术等进行数据映射与数据孪生；运用互联网技术、移动互联网技术通过客户端、移动端、大屏端等多种方式展示，实现对工程在运维阶段的全要素、全方位、全流程管理。

图 8-1   智能运维的云服务支撑平台

智能运维管理的范畴主要包括五个方面：环境管理、设备运维管理、安全管理、能耗管理及物业管理。

（1）环境管理

建筑环境监测系统主要对建筑室内的空气品质、室外的大气环境和室内人员分布情况等进行监测，监测内容包含温/湿度、固体颗粒物浓度、甲醛浓度、二氧化碳浓度、光照度、人员数量等。Web 端监测参数通过数据、表格、图等展示，并具有传感器故障报警、参数值超限报警和应急建议等功能。建筑环境监测系统具有报表生成功能，为用户提供各种环境参数历史数据报表，包括日报表、月报表、年报表，便于用户进行后续的建筑内、外部环境分析和走势预测。

（2）设备运维管理

建立设施设备基本信息库与台账，定义设施设备保养周期等属性信息，建立设施设备维护计划；对设施设备运行状态进行巡检管理并生成运行记录、故障记录等信息，根据生成的保养计划自动提示到期需保养的设施设备；对出现故障的设备从维修申请，到派工、维修、完工验收等实现过程化管理。

（3）安全管理

安全管理包括运维中的生产安全管理和公共安全管理。公共安全管理包括应对火灾、非法侵入、自然灾害、重大安全事故和公共卫生事件等危害人们生命财产安全的各种突发事件，建立起应急及长效的技术防范保障体系。基于 BIM 技术可存储大量具有空间性质的应急管理所需数据，可协助应急响应人员定位和识别潜在的突发事件，并且通过图形界面准确确定危险发生的位置。此外，BIM 中的空间信息也可用于识别疏散线路和环境危险之间的隐藏关系，从而降低应急决策制订的不确定性。另外，BIM 也可以作为一个模拟工具，评估突发事件的损失，预测突发事件的发展趋势。

（4）能耗管理

有效地进行能源的运行管理是业主在运营管理中提高收益的一个主要方面。基于该系统，通过 BIM 可以更方便地对租户的能源使用情况进行监控与管理，通过能源管理系统对能源消耗情况自动统计分析，对异常使用情况发出警告。

（5）物业管理

物业管理的智能运维主要指运用信息技术对建筑物能耗（水、电、气）和建筑机电、安防、消防、电力、暖通及电梯等设备和门窗、五金、装饰、管网、小品游乐等设施实行巡查、检修、报警、自动派单、维保等全流程跟踪服务，实现对设备设施的信息化智能管理。该关键技术的开发基于建筑物联网运行平台、智能硬件、人工智能等，提供建筑能源互联与智能运维整体解决方案，从而提质增效。为建筑物节能降耗、绿色运行提供保障。

物业管理一般包括系统管理、日常维护、服务管理和财务管理等。其中系统管理实现系统的用户管理和权限配置管理；日常维护包括房产资源管理、住户管理、人员管理、供应商管理、库存管理等；服务管理包括信息服务、投诉管理、预订代办等；财务管理包括各项收费管理、租赁管理等。

8.2　智能运维管控平台

8.2.1　智能运维管控平台架构

智能运维管控平台采用"云-管-端"总体架构。"云"指的是为终端用户提供服务的云端综合，"管"指的是保障信息传输的智能信息管道，"端"指的是所有与智能信息管道相连的终端设备。智能运维管控平台总体架构（图 8-2）分为感知层、网络层、功能层、服务层和应用层。

（1）感知层：包括建筑环境监测系统（温/湿度监测模块、二氧化碳浓度监测模块、甲醛浓度监测模块、光照度监测模块、固体颗粒物浓度监测模块、人员监测模块和能耗监测模块）、建筑设备监控系统（供配电监控、照明监控、给排水监控、送排风监控、冷热源监控、空调机组监控和空调末端监控）、执行器模块和网络中继模块等智能硬件。

智慧建造感知层技术应用范围很广，包括监控系统、移动端图文采集、传感技术、地理信息系统、能源监测系统、门禁系统、射频识别技术、全球定位系统、预警系统、智能机器信息采集技术、运维服务系统等。这些技术的核心功能是采集施工现场信息，并将数据信息完整地发送到互联网，平台端强大的数据处理系统会对这些数据信息进行转换、分类处理，并把处理好的数据结果提供给工程管理人员，能实现平台使用者与施工现场之间的数据、图像、视频等信息传递。

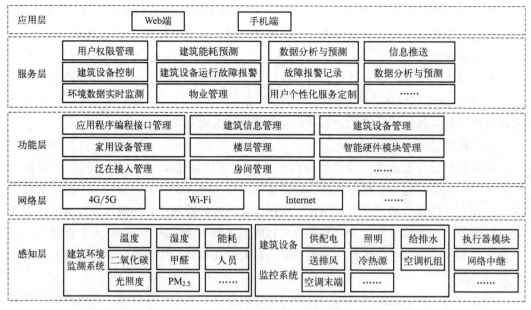

图 8-2　智能运维管控平台总体架构

（2）网络层：因感知层环境监测模块与执行器模块内部集成了 Wi-Fi 模块，可通过网络层的通信协议与云服务器进行无线传输（主要以 4G/5G 和 Wi-Fi 形式为主）；控制器模块部分通过对象链接与嵌入的过程控制（OLE for process control，OPC）、现场总线转接等数据接口方式接入建筑运维智慧管控平台。

（3）功能层：为提高建筑运维智慧管控平台的扩展性与可移植性，同时提高维护人员的工作效率，功能层为管控平台提供应用程序编程接口（application programming interface，API）管理、泛在接入管理、建筑设备管理、建筑信息管理、家用设备管理、楼层管理、房间管理、智能硬件模块管理等功能。

（4）服务层：该层基于应用层的功能需求，提供用户权限管理、用户个性化服务定制、环境数据实时监测、数据分析与预测、信息推送、建筑能耗预测、建筑设备控制、建筑设备运行故障报警、故障报警记录、物业管理等服务。

（5）应用层：包括 Web 端与手机端的人机交互界面，为用户提供各种可视化操作应用。

8.2.2　智能运维管控平台硬件架构及组网

智能运维管控平台的硬件架构有三层，分别为数据采集层、现场控制器层和管理层。

数据采集层包含空调系统、照明系统、冷热源系统、供配电系统、电梯系统、智能燃气表以及智能电表；现场控制器层主要包括 PLC 设备、无线数据采集器、有线数据采集器、现场控制器，可将数据采集层采集到的数据进行本地存储、简单分析以及对管理层的数据通信；管理层则包括应用服务器、数据库以及通信管理服务器，主要进行数据的存储与分析。

数据采集层采集到的各类数据一般可通过建筑运维智慧管控平台或第三方数据协议来传输，也可布置独立智能数据采集单元，常用的通信协议方式有 Modbus 通信协议、BACnet 通信协议、Field bus 通信协议。建筑设备能耗分项计量设计非常重要，是能耗数据采集的前提；合适的分项能耗计量设计，可以将分散在多个用电支路中的耗能设备进行量化管理。数据存储在管理层数据库中，一般使用大型关系型数据库，数据库可以和数据采集与监视控制系统/楼宇自动化系统共用，也可独立设置数据库服务器。

管理人员可以从服务器数据库中直接读取数据，也可以把原始数据与建筑设备基础信息、报警信息结合处理后，形成新的数据。能耗数据分析是建筑运维智慧管控平台的核心，通过对建筑累积能耗数据统计、分析，将虚拟建筑能耗模型和实体建筑能耗对比，从而分析出能源消费趋势，找到最佳的节能策略，实现传统能源管理向智能能源管理的转变，即从粗放式向集约化管理的转变、从被动节能到主动节能的转变。建筑运维智慧管控平台硬件架构如图 8-3 所示。

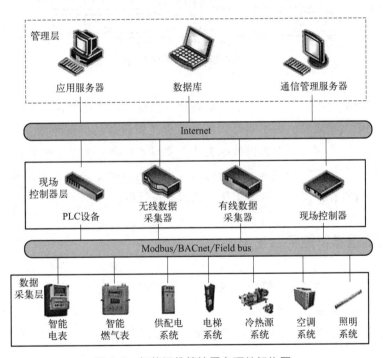

图 8-3　智能运维管控平台硬件架构图

8.2.3　智能运维管控平台数据库架构

针对如何实时采集并存储显示建筑设备运行参数数据、建筑室内环境状态参数数据等问题，智能运维管控平台采用了实时数据高速缓存系统结合关系数据库的数据存储方式。实时数据高速缓存系统可通过 TCP/IP 协议，获取底层硬件基于 HTTP 协议的通信信息，并对各类 HTTP 协议进行筛选与解析，实时获取底层建筑设备运行参数、建筑环境状态参数；同时为提高 Web 平台的实时显示能力，保障智能运维管控平台的后续开发能力，实时数据高速缓存系统需将建筑设备监控实时数据与建筑环境实时数据信息转存至关系数据库，方便管理人员与普通用户后期查阅。智能运维管控平台数据库总体架构，如图 8-4 所示。

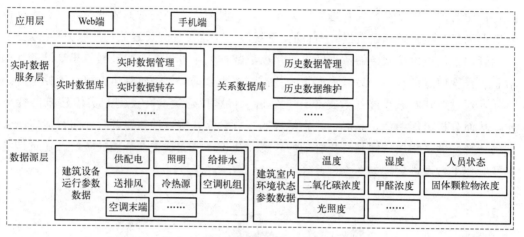

图 8-4　智能运维管控平台数据库架构

在智能管控平台中，保证各类建筑设备运行数据、建筑环境状态参数数据的时效性对用户体验是至关重要的。为了实时采集和管理建筑设备的运行数据、建筑环境数据，为后续的建筑能耗预测等研究提供数据支持，实时数据高速缓存系统是必不可少的。实时数据高速缓存系统主要是为满足对当前建筑设备运行数据进行实时采集和存储工作、对历史数据进行转存至关系数据库工作的需求而设计的。

8.2.4　智能运维管控平台系统

智能运维管控平台是为建筑或建筑群提供信息的综合应用平台，主要包括建筑环境监测系统、建筑设备监控系统、生产监控系统、建筑能源资源管理系统、安防管理系统与物业管理系统等，如图 8-5 所示，随着智能相关技术的发展，运维管控的内容也会有所变化。

（1）建筑环境监测系统不仅对常规环境参数如温/湿度、光照度、二氧化碳浓度等进行监测，而且对污染物浓度（如固体颗粒物浓度、甲醛浓度）、室内人员分布进行监测。

（2）建筑设备监控系统由照明监控系统、供配电监控系统、HVAC 监控系统、电梯监控系统等组成。照明监控系统对建筑各个区域内照明设备的工作状态进行远程监控；供配电监控系统监控建筑内变压器、应急发电机组与高低压配电系统的工作状态；HVAC 监控系统涵盖冷热源监控系统、空调机组监控系统、空调末端监控系统与送排风监控系统。

（3）生产监控系统主要包括生产设备监控系统、生产过程监控系统、生产异常预警系统、运营数据管理系统。生产设备监控系统主要对设备的运行状态、使用效率、故障情况进行监控。生产过程监控系统主要对运营信息、工艺流程、成品产出等进行监控。生产异常预警系统发现异常数据时，会及时发出警报，提醒企业及时处理。运营数据管理系统主要对生产过程中的各类数据进行收集、整理、分析和存储。因此，生产监控系统帮助企业实现生产过程的可视化、智能化和高效化，从而提高企业的生产效率和竞争力。

（4）建筑能源资源管理系统对建筑内水、电、气等能源与资源进行监测与管理，同时统计建筑能源、资源使用总量信息，使用户更加便捷地获取水、电、气等的使用量统计报表，并给出下一步使用建议。

（5）安防管理系统 有效整合门禁系统、停车场管理系统、应急管理系统、视频监控系统等各子系统数据资源，采用智能化报表工具实现安防数据报表智能化分析，通过数据图墙将安防系统运行的各项关键业务数据进行综合数据看板可视化大屏展现，实现多维度日常运行监测与展示。

（6）物业管理系统集成了建筑信息（包含对装配式建筑的各类构件进行的信息采集、跟踪管理与后期维护，以及对

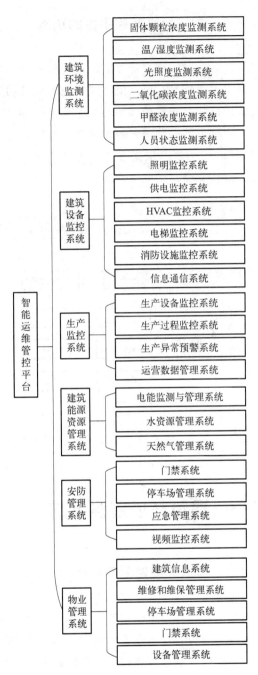

图 8-5　建筑智慧运维管控平台的组成

建筑构件的材料情况做的信息记录）、设备管理、维修和维保管理、停车场管理、门禁系统等模块，依托网络通信、视频监控以及数据分析等技术，为社区居民提供安全、高效、舒适、便利的居住环境，实现社区居民在生活服务中的数字化、网络化、信息化、智能化、协同化。

第8章

8.2.5　智能运维管控平台的功能

　　智能运维的核心是智能运维管控平台，智能运维管控平台可以为用户提供健康舒适的室内生活环境，可以提高建筑设备运行的安全水平，还可以为管理人员提供各种建筑设备运行状况的监控详情与信息报表。通过优化的控制算法节省建筑整体能源资源消耗，同时也可提升用户的家居生活与住区生活体验。智能运维管控平台的系统功能结构图如图 8-6 所示。根据智能运维管控平台系统功能结构图，智能运维的关键环节为监测、信息反馈、决策及处理。

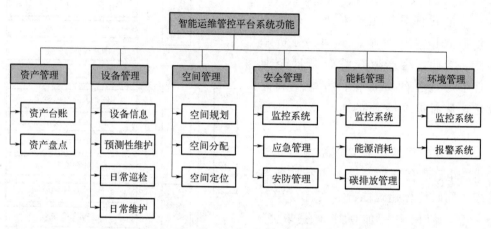

图 8-6　智能运维管控平台系统功能结构图

8.3　建筑环境监测系统

8.3.1　建筑环境监测系统概述

　　建筑环境监测系统为智能建筑的一个组成部分，包括建筑环境的实时监测、超标预警和统计分析，目前主要通过建筑环境监测系统为建筑智能运维管控平台提供环境数据。智能建筑通过传感技术感知建筑内外环境和建筑设备状态，实现数据传输、存储、处理和分析；然后利用先进的控制与决策技术，自主调节建筑中各设备系统，让建筑具有自动适应环境和自主服务人员的能力。

　　建筑环境监测系统是在"云-管-端"集成平台架构下，整合建筑内、外部等环境信息的系统。它基于物联网技术实现各类数据的采集、传输、存储、统计、分析和可视化，为建筑或建筑群运行监测提供 Web 端平台。建筑环境监测系统主要针对建筑室内的空气品质、室外的大气环境和室内人员分布情况等进行监测，监测内容包含温/湿度、固体颗粒物浓度、甲醛浓度、二氧化碳浓度、光照度、人员数量等。Web 端监测参数的数据、表格、图等展示，并具有传感器故障报警、参数值超限报警和应急建议等功能。

建筑环境监测系统，包括温/湿度监测模块、固体颗粒物浓度监测模块、二氧化碳浓度监测模块、甲醛浓度监测模块、光照度监测模块、人员监测模块、能耗监测模块和建筑信息模块等智能硬件。

建筑环境监测系统具有报表生成功能，为用户提供各种环境参数历史数据报表，包括日报表、月报表、年报表，便于用户进行后续的建筑内、外部环境分析和走势预测。建筑环境监测系统结构如图 8-7 所示。

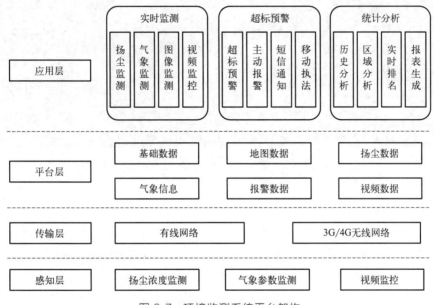

图 8-7　环境监测系统平台架构

8.3.2　建筑环境监测功能

建筑环境监测系统通过对温湿度、二氧化碳浓度、空气洁净度等环境数据的监测，确定设备开启策略，及时调整设备开启状态，使环境舒适度达到最优效果。该系统可以与设备自控系统进行联动，如发现二氧化碳等含量超过警戒标准时，若楼控系统开放新风系统的控制权限，系统会强制对相应设备进行启动，并报警，及时通知管理人员。同时，环境监控模块还能对历史数据进行调用，对现场的环境品质进行评估，指导管理人员对设备开启的调整。

（1）温湿度监测

当系统通过实时监测发现温湿度超过控制标准时，将生成报警信息，同时对报警区域进行定位，通知相应管理人员进行处理。系统具有查看历史记录信息的功能，通过日期选择可对当日的温湿度值进行历史回放，在建筑三维模型中对温湿度监测区域进行不

第8章

同颜色渲染显示，可查看监测区域温湿度参数值和区域信息。温湿度传感器三维场景定位，见图8-8。

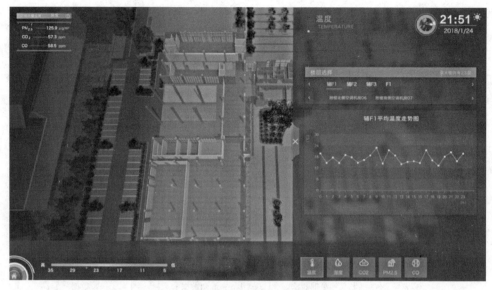

图 8-8 温湿度传感器三维场景定位

（2）PM$_{2.5}$监测

系统实时对建筑内的PM$_{2.5}$进行监测，一旦发现单位体积空气中被考虑粒径的粒子浓度大于阈值，系统会强制启动机械通风装置，并生成报警信息，通知相应的管理人员。系统具有查看历史记录信息的功能，通过日期选择可对当日的PM$_{2.5}$参数值进行历史回放，在建筑三维模型中对PM$_{2.5}$监测区域进行不同颜色渲染显示，可查看监测区域PM$_{2.5}$参数值和区域信息。PM$_{2.5}$传感器三维场景定位见图8-9所示。

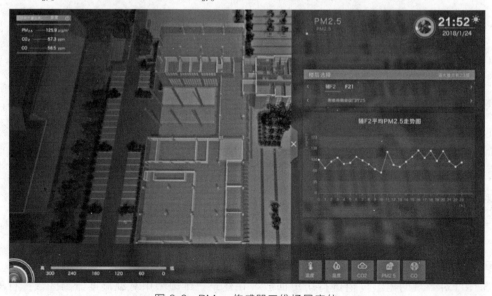

图 8-9 PM$_{2.5}$传感器三维场景定位

8.4 建筑设备监控系统

建筑设备监控系统（building automation system，BAS）主要包括照明监控系统、中央空调监控系统、供配电设备监控系统、电梯监控系统、消防设施监控系统等，具有对建筑设备测量、监视和控制功能，以确保各类设备系统运行稳定、安全、可靠，并达到节能和环保的管理要求。

传统的建筑设备监控系统有一定的局限性，特别是在"以人为本"理念深入人心的21世纪，用户不仅关注建筑内外的生活环境、空气质量、能源资源使用等，还希望随时随地查看相关数据，从而能监控授权的设备。智能建筑的建筑设备监控系统，在节约资源能源、提升生活品质、管控建筑设备、保护环境等方面都有所提升。建筑设备监控系统结构如图8-10所示。

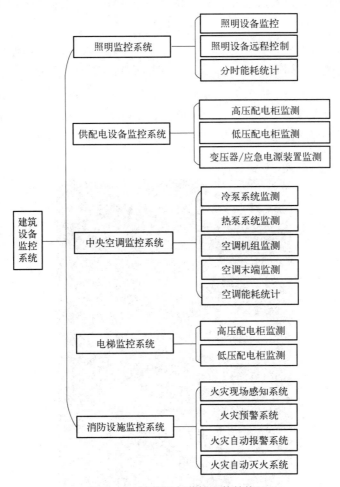

图 8-10　建筑设备监控系统结构

8.4.1　照明监控系统

照明监控系统综合考虑新建建筑与既有建筑的照明监控需求,与传统照明监控系统的监控方式不同。照明监控系统有以下优点:①用户可以通过云端利用手机、平板电脑等智能终端对授权的照明灯具及设备进行远程监控;②用户可以通过添加照明控制模块等简单操作实现对照明设备的远程控制;③分时能耗统计可统计以小时为单位的不同时间段的照明能耗数据,将系统能耗更加细分、直观化,可制订更有针对性的节能控制策略。

智能照明监控系统的管理功能如下:

(1)汇总信息。一方面汇总当前建筑应急照明状态信息。包括:应急照明支路数量、开启数量、故障数量、报警数量,健康指标等。另一方面汇总当前建筑内各管理分区应急照明状态信息,包括应急照明支路数量、开启数量、故障数量、报警数量,健康指标等。

(2)以列表形式展现及筛选信息。列表主要展现各应急照明支路名称、编号、类型、区域、当前状态。列表具备筛选功能,筛选项包括类型、当前状态、区域;列表有导出和打印功能。

(3)以地图形式展现信息。所有应急照明支路以图标形式按照其服务区域分布在地图上。图标颜色代表该设备当前状态。单击应急照明支路图标,弹出该设备当前状态,如图 8-11 所示。

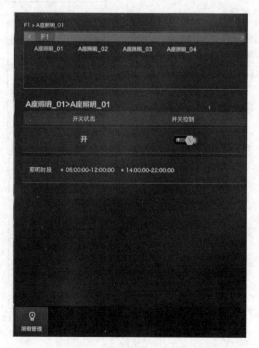

图 8-11　智能照明系统管理

8.4.2　供配电监控系统

供配电监控系统主要是低压配电系统,其配电柜主要由进线柜、出线柜、电容柜、计量柜、联络柜等组成。进线柜的主要功能是从电网接收电能,连接进线和母线。出线柜的主要功能是分配电能,连接母线和各出线。进线柜和出线柜一般都安装有断路器、电压互感器、电流互感器、隔离刀等元器件。电容柜的主要功能是改善电网的功率,用于无功补偿,提高电能质量。计量柜主要用于计量电能,通常安装有隔离开关、熔断器、电压互感器、电力互感器、电能表、继电器等。联络柜又称母线联络柜,用于连接两段母线,从而保证供电稳定可靠。供配电监控系统主要功能是实现供配电系统中各设备的状态监控,统计用电量,向管理计算机提供通信接口,从而实现供配电的远程监控。供配电监控系统主要监控内容包括进线的开关状态、跳闸报警,进线的电压、电流、功率因数,各出线的三相电压、电流、功率,有功功率、无功功率、电能、功率因数、频率等,母联开关和馈线断路器开关状态、故障信号。

智能供配电系统的管理功能如下。

(1)汇总信息。当前高压进线参数汇总信息包括线号、线电压、相电流、功率、功率因数,用电量(数值+曲线),健康指标等。当前各变压器参数汇总信息包括投入/暂停,负载(数值+曲线)、效率(数值+曲线)。

(2)以列表形式展现信息。每种类型设备通过一个列表形式的标签展现各设备名称、类型(高压柜、变压器、低压柜、直流屏、功率因数补偿器)、编号、安装位置、当前状态(正常、故障、报警)、主要运行参数、联动摄像头编号。列表有导出和打印功能。

(3)以地图形式展现信息。主要体现为地图、系统拓扑图两个标签。地图标签:所有设备以图标形式按照其安装位置分布在地图上,图标颜色代表该设备当前状态。单击设备图标,弹出该设备当前状态和运行参数以及关联摄像头的实时视频画面。系统拓扑图标签:所有设备以图标形式放置在拓扑图的对应位置,图标颜色代表该设备当前状态。见图 8-12 所示。

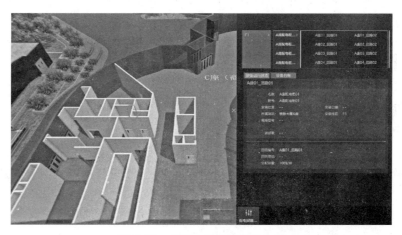

图 8-12　变配电系统管理示意图

8.4.3 中央空调监控系统

中央空调监控系统是现代建筑中不可或缺的一部分，是保证室内环境舒适的关键环节，在办公建筑及商业建筑中的应用越来越多，中央空调监控系统包含冷热源监测、空调机组监测、空调末端监控等，能实现中央空调系统的智能控制，监测各部分的运行状态，并能进行故障报警和生成各种报表等。中央空调监控系统的监控项目主要包括启停控制、顺序控制、新风和回风阀自动控制、温度控制、湿度控制、过滤器监测及防冻报警。

（1）启停控制：空调机组监测系统根据预先设定的时间程序自动启/停送风机，每台机组都设定每周工作的天数，每天设定4~8条工作时间通道，并另设定特殊工作日及节假日的时间。开启中央空调系统后，检测送风机的运行状态、故障状态，如有异常则发出警报并记录报警信息。

（2）顺序控制：中央空调系统设有固定的开关顺序。开启系统时，依次开新风阀、回风阀、送风机、盘管水阀；关闭系统时，依次关盘管水阀、送风机、回风阀、新风阀。

（3）新风和回风阀自动控制：夏季/冬季工况下，室外温度值远高于/低于新风温度值，新风阀按最小换气次数来决定其最小开度，并与风机同步开启。在保证室内空气质量的前提下，这种工作机制可以最大限度地节约能源。在过渡季工况下，调整新风阀的预设开度，最大限度地利用室外空气。回风阀开度根据新风温度、回风温度和设定温度可形成多种工况。无论出现哪种工况，均可以采用PID进行粗调节，使送风温度趋近于设定温度。

（4）温度控制：温度控制主要体现在盘管水阀的开度控制上。根据回风温度与设定温度的偏差，夏季时对冷盘管的电动水阀进行自动调节，冬季时对热盘管的电动水阀进行自动调节，从而使回风温度控制在设定的范围之内。

（5）湿度控制：根据回风的相对湿度来确定何时开启加湿阀。当相对湿度低于35%时，开启加湿装置；当相对湿度达到65%时，关闭加湿装置。

（6）过滤器监测：空调机组设有初效过滤器、中效过滤器，分别在其两端设置压差开关。当风机启动后，在过滤器前后会产生风压差；当过滤器堵塞时，风压差将大于压差开关的设定值，其接点闭合并发出过滤器堵塞的报警信号，提示过滤器已经堵塞，需要及时更换。

（7）防冻报警：当盘管温度过低时（通常在5℃左右），低温防冻开关将发出报警信号，中央空调监控系统接收到报警信号后，会立刻停止风机的运行、关闭新风阀、将热水阀开至100%。在报警信号没有排除之前，中央空调监控系统无法自动开启。当盘管温度达到正常时，自动重新启动风机、打开新风阀，恢复机组的正常工作。

8.4.4　电梯监控系统

　　智能电梯监控系统的管理功能如下：可对建筑内的直梯、扶梯、步道的运行状态、运行策略等进行监控；可以查看每部电梯的安装位置信息；定位到某部直梯后，查看该直梯的运行方向、停靠楼层、当前运行策略等；根据需要，可以点击查看电梯内监控摄像头的当前监控画面，显示效果如图 8-13 所示。

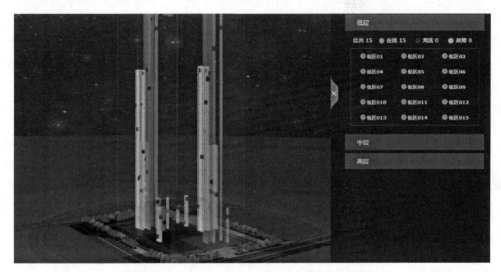

图 8-13　电梯设备三维空间定位及信息展示图

8.4.5　智能消防设施监控系统

8.4.5.1　智能消防监控系统构成

　　智能消防监控系统主要有火灾现场感知系统、火灾预警系统、火灾自动报警系统、火灾自动灭火系统等构成。

　　（1）火灾现场感知系统

　　如果发生火灾，周围的移动终端、传感器等都会对火灾现场进行不间断的监控，传递数据信息，把传回的数据和以往的灾情数据有机结合，对火灾场景进行感知，在计算机集群的环境下，来实现感知数据的处理。

　　（2）火灾预警系统

　　一旦发生火灾，相应的预警模型要即刻做出反应，相关的工作人员利用网络、手机APP 等方式对火灾信息进行传递，帮助人群进行疏散。

　　（3）火灾自动报警系统

　　火灾自动报警系统由火灾报警装置、触发装置、联动输出装置等组成，与多系统联动，如消防给水系统、监控系统、广播系统、可燃气体探测报警系统等。火灾报警系统的组网设计为环形回路组网形式，并将短路隔离器安装在总线上，即使火灾导致局部线路出现故障，也可以继续接收感烟/感温探测器、水流指示器、湿式报警器传递的信号，继续监控消防水泵、水箱、水池的具体使用情况。

（4）火灾自动灭火系统

火灾自动灭火系统通过模型来对火场的网络数据进行感知处理，防止火势继续蔓延。当自动灭火系统接收到火灾报警系统发出的火警信号时，可以自动将对应区域内电磁阀、水泵开启，向给水管网中补充水源，自动完成灭火并在灭火中发出警报声；灭火结束后可以通过调整灭火系统的相关按钮将其关闭。自动灭火系统为智能消防提供科学合理的调度决策和救援路线，帮助相关的救援人员把建筑内的灭火体系充分利用起来，把其自身的辅助作用充分发挥出来。

8.4.5.2　智能消防运维系统管理内容

（1）预防性监测管理

消防水箱监测：系统可对消防水箱进行定位，点击设备时显示设备的基本信息、相关文档、运行参数等信息，同时支持对消防水箱里的水位进行监测，以折线图的形式在系统界面中显示水位运行趋势状况，当水位异常时，提供报警提醒服务。

消防水泵监测：系统支持对消防水泵设备进行定位，点击设备显示设备的基本信息、相关文档、运行参数等信息，当设备发生故障时进行异常报警。

消防喷淋压力监测：系统对消防喷淋压力值进行监测，显示压力运行状态趋势，一旦发生压力异常时，及时提供报警提醒。

烟感报警器：系统对烟感报警器状态进行监测（正常状态和报警状态），一旦发生报警，系统对三维空间烟感报警器位置进行定位。

温度报警器：系统对温度报警器进行监测（当前温度实时数值），一旦发生报警，系统对三维空间温度报警器位置进行定位，如图 8-14 所示。

图 8-14　消防管理系统示意图

（2）应急预案管理与消防疏散演练模拟

应急预案管理：应急预案管理功能主要是将管辖区域内的应急预案进行分类展示，方便管理人员检索查阅；同时管理人员可以通过该系统进行新预案的添加。针对现有预案，管理人员可以查看现有的预案信息；可以通过应急类型、事件类型以及预案主题进行检索查看，如图 8-15 所示。

图 8-15　应急预案管理

消防疏散演练模拟：当园区某个区域发生火灾事件时，系统对事故现场进行高亮显示，同时对逃生路线、逃生门、消防栓位置等进行高亮显示，并对消防车的停靠位置进行高亮显示，同时监测停靠位置是否被占用，方便管理者指挥现场处置协调安排，方便后期查阅、学习，如图 8-16 所示。

图 8-16　消防疏散演练模拟

8.5　生产设备管理系统

8.5.1　生产设备监控

生产设备监控系统可提供其他基于网络的应用以任何被集成的详细实时的设备数据，可与其他应用系统之间共享数据。生产设备监控系统已包含了广泛的设备及协议界面供集成选用，系统有以下开放接口：ODBC 数据接口、Network API（C、C++、VB、FORTRAN）、AdvanceDDE 客户端、BACnet 客户端/服务器、Microsoft Excel Data 交换、OPC 客户机等。

（1）第三方系统集成到 BAS 条件

设备系统供应商应提供通信接口、数据通信速率、数据地址表等信息，开放通信协议，并配合 BAS 系统进行二次接口开发。

BAS 负责提供网关设备（包括相关硬件和接口软件），并负责网关设备与相关设备系统之间的电气接线、通信线缆、线管敷设以及相关接口软件的二次开发与调测。

设备供应商提供的通信协议应该为 BACnet、Modbus 等开放性协议，若提供 OPC 接口方式，必须采用 OPC DA 2.0 server provide。

（2）生产设备系统与其他系统集成

① 与电力配电监控系统的集成

电力配电监控系统提供通信接口给 BA 系统，BA 系统通过通信的方式监测电力配电监控系统的运行参数，电力配电监控系统工作状况可用文字或图形显示于彩色显示屏上，也可通过打印机打印出来作为记录。

② 与柴油发电机的集成

柴油发电机系统提供通信接口给 BA 系统，BA 系统通过通信的方式监测柴油发电机系统的运行参数，柴油发电机工作状况可用文字或图形显示于彩色显示屏上，也可通过打印机打印出来作为记录。系统监视内容为柴发进线柜开/关状态、跳闸报警、三相电流、三相电压、有功功率、功率因素、频率及蓄电池电压、油箱高/低油位。

③ 与电梯系统的集成

BA 系统对电梯系统实行只监不控的方式，电梯系统提供高级接口给建筑设备监控系统集成，其接口通信方式可参照变配电系统通信执行，电梯接口提供位置需厂商确定。系统监测内容如下：电梯运行状态监测，故障报警监测，电梯的上升、下降状态监测。

8.5.2　生产过程监控

生产过程监控的主要功能包括人员行为分析、设备工作状态分析、生产图像监控、安全防范管理等。生产过程监控的主要方式是在重点生产操作区设置监控，整体和局部视频监控相结合。

按现场控制为主、中央控制为辅的基本原则，使用 PLC 为基本的监测控制和数据采集系统，在中央控制室使用上位机对各工况实时监控，并带有信号报警和联锁等功能以确保生产正常运行。生产的过程自动控制采用独立控制，即设备控制层 PLC 控制器与上位监控系统相互独立，可以不依靠上位机独立运行，保证了生产过程的独立性和安全性。决策系统如图 8-17 所示。

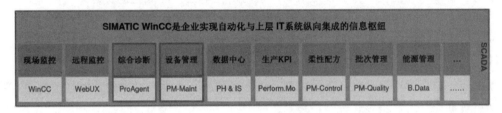

图 8-17 生产过程监控决策系统

（1）运营信息管理

显示系统各设备、装置、区域的运行状态以及全部过程参数变量的状态、测量值、设定值、控制方式（手动/自动状态）、高低报警等信息。总画面与其他画面之间可以相互切换。按照工艺要求将过程参数变量进行分组，并以模拟仪表表盘的形式显示过程变量的设定值、输出值、反馈值和控制方式变量每秒钟更新一次。

（2）工艺流程实时监控

通过对 PLC 现场控制数据的实时读取，可以实时监控现场各设备的运行状态，主要运行参数，如关键设备的启停状态，参数显示等是否正常，运行过程中是否出现异常状况等，可以全程记录现场重要设备运行情况及实时检测数据。显示生产工艺流程图和各工艺单元流程图，并且可以在流程图上选择弹出多级细部流程图，同时工艺流程图上显示设备运行状态，如图 8-18。为设备的安全稳定运行提供了可靠的依据。

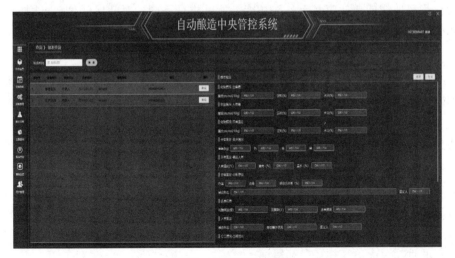

图 8-18 工艺监控示意图

8.5.3 异常预警

运行异常预警是根据运营情况，将运营数据通过报警画面显示为当前过程参数报警和系统设备故障报警，并按报警的时间顺序从最新发生的报警开始排序，报警状态用不同的颜色来区别，未经确认的报警处于闪烁状态。报警内容包括报警时间、变量名、变量说明、变量的当前值、报警设定值、变量的工程单位、报警优先级别等。

8.5.4 运营数据管理

中控室数据库中记录有各单体控制系统上传的现场数据，对这些数据进行处理，形成历史数据库、生产报表、统计报表等。

（1）生产工艺参数下发

生产过程中的工艺参数均支持在中控室各操作员站进行修改，确认后设备将按照最新下发的工艺参数执行程序。也可自定义工艺参数配方，生产时只需调用相对应配方即可，方便快捷。

（2）运营事件处理信息

运营事件是指运行事件和重要的系统操作，事件登录按时间顺序排序，以下事件都要记入不可修改的事件登录簿并存入数据库：中控室和各单体控制系统的操作员登录、控制命令和结果、修改设定值、写入数据、全部的报警及确认，并提供查询功能。

（3）运营数据趋势分析

上位机系统显示网络上任何数据点趋势的能力，并在同一坐标上显示相关变量以上的趋势记录曲线，用户自由选择参数变量、颜色及时间坐标，也可以根据任意的时间坐标放大显示。支持多曲线同一时间的对比分析，支持单条、多条曲线的不同时间段的对比分析。趋势曲线的游标应具有备注功能，能够根据不同的时间区间显示不同的注释内容。趋势曲线应具有良好的定制化功能，能够定制不同外观的趋势曲线，应支持曲线显示设置。

通过上位软件对现场采集的各信息进行分类整理，加工为易于操作人员观察的表格、曲线、图形等信息。

（4）历史数据归档、查询和报表

历史数据库软件是将采集分类好的数据按规律存储到数据服务器中，并生成对应的查询地址和标签，以便于再次查询时，自动提取数据库中的历史数据（包括操作记录、报表、报警记录等数据），查询出各个设备的不同时段的运行状态和设备操作记录。系统带有独立的报表（见图 8-19），能够为工程设计复杂的工程报表；能自动生成各类日、月、年报表。操作人员可以在远程浏览查看全部的报表数据，对一些重要的运行参数可以定期打印报表以达到检测的目的。

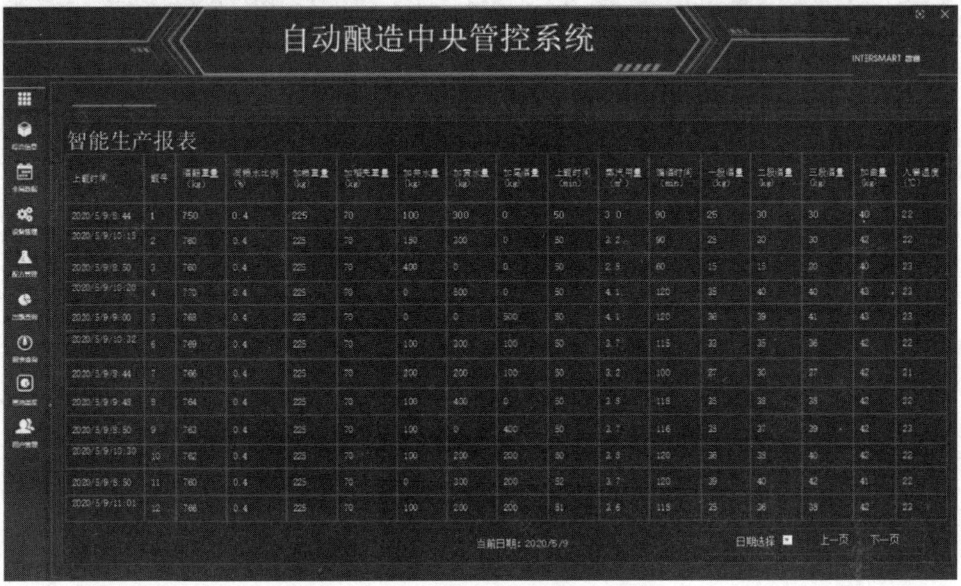

图 8-19 报表示意图

8.6 建筑能源资源管理系统

在能源管理系统中，用户可以定义不同的访问权限，不同用户的需求不同，他们看到的监测信息、能源报告类型也不尽相同。这些都可以由用户或者管理员自定义，反映在基于 Web 的访问页面上。

（1）系统总览

系统总览是整个系统的主画面，提供整个系统的整体能耗概况。系统操作员根据不同的权限登录，系统动态汇总用户当日总能耗、各类设备运行情况、系统事件报警、安全运行天数等重要信息，如图 8-20。

（2）实时数据

数据采集与处理是供配电系统安全监视和控制的基础，监控系统能实时和定时采集电气设备的模拟量（电流、电压、功率、电度、频率、变压器温度等）和开关量（断路器及隔离开关位置信号、继电保护及自动装置信号、设备运行状态信号，以及各种事件信息等）。监控系统软件可以通过网络直接读取各配电所综合保护装置、电力参数测量仪、直流屏、发电机组、温控仪等采集的数据，并可以对采集的所有数据进行显示、统计、分析、计算和存储。

实时显示各线路的三相/线电压、电流、有功功率、无功功率、视在功率、有功电度、无功电度和总电度、功率因数、频率、谐波畸变率、最大值和最小值等电量参数。实时计算每日、每月各条线路的有功、无功最大、最小及平均值。实时显示各变压器温度值，实时计算每日、每月各变压器温度最高、最低与平均值。实时统计各线路每日、

图 8-20　建筑能耗总览图

每月、每年的有功电度总值和无功电度总值。

　　数据采集周期、方式、参数等可由用户在线定义，历史数据存储最小间隔 1 分钟，分辨率 1 分钟，如图 8-21。

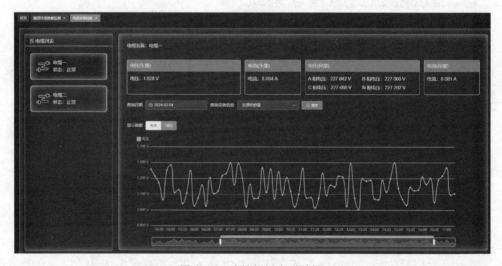

图 8-21　建筑能耗实时数据

（3）历史数据

　　系统可根据用户需求，对遥测数据进行实时记录，记录时间超过两年。历史数据可以通过曲线方式和数据表格方式直观地显示，用户可方便地选择欲查看回路的历史数据。

（4）用电量统计和能耗分析

　　系统为用户提供了电能消耗统计和管理功能，可以根据负荷类型、回路名称进行用电量对比，也可以进行日、月、季、年的统计与对比，峰谷平统计与对比，并可以显示、打印、查询各部门每月单能源消耗量统计、各生产线单能源消耗量统计、所占厂内单日能耗总量的比重，可 Web 浏览、工作站浏览、下载保存。

（5）能耗对标分析管理

系统还可以对建筑能耗进行排名分析。能耗管理系统可以从多个维度对能耗情况进行排名，包括按照不同分项（空调、照明与插座、动力、特殊）用电进行的排名、按照不同用能类型（电、水）进行的排名，可以显示当前分类、分项能耗数值，以横向柱状图、饼状图形式进行显示，如图 8-22。

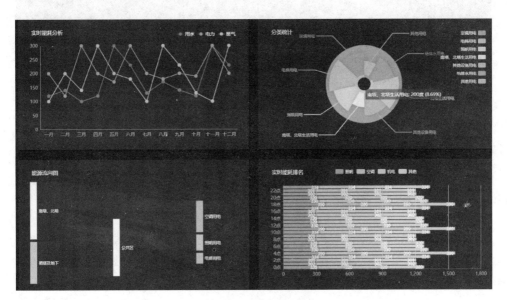

图 8-22　能耗排名示意图

（6）报表管理

报表管理主要通过查询系统导出需要的报表数据。报表的查询系统可以查询能源使用情况的平均值和最大、最小值。例如电力能源报表可以显示电力系统的电流、电压、功率、负荷、电力系统运行报表等。以电力系统运行日报表为例，可以显示 24 小时日负荷报表、24 小时日负荷曲线，可选时间段进行打印；也可以显示电能日报、电能月报，可以选择相应的日和月进行打印；也可以对历史数据库中的两年内的日报数据进行回顾显示和打印，如图 8-23。

数据浏览，可以通过现场电、水的计量点或对接现有能耗计量系统对建筑用能数据进行实时采集，按照建筑或分层点击查看相应的电、水运行趋势，对异常用能状况进行报警提醒，方便管理人员进行查看处理。

当前能耗数据浏览，通过能耗类型（如：电）的筛选功能可分别对建筑用电总体能耗、分项能耗及具体设备能耗状况进行查看浏览，当点击用能类型（如：水），用户可分别对建筑总体用水状况、区域用水状况进行查看；能耗数据浏览以柱状图显示；

历史能耗数据查询，通过时间筛选功能，选定不同的时间后，BIM 运维管理系统

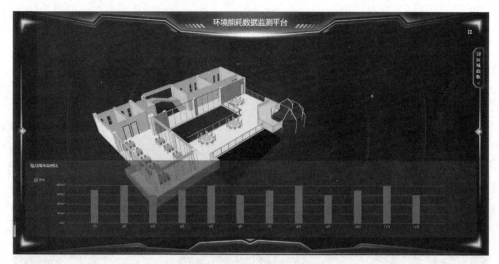

图 8-23　历史数据查询

可以显示相应能耗类型的历史能耗数据状况，以柱状图的形式显示。

8.7　安防管理系统

安防管理系统应符合《计算机信息系统 安全保护等级划分准则》（GB 17859—1999）和《信息安全技术 网络安全等级保护安全设计技术要求》（GB/T 25070—2019）等标准和规范。安防系统的安全需求主要体现在以下方面。

（1）身份认证安全：能够对用户进行身份标识和鉴别，能够对用户权限实施分级管理，具有实现身份鉴别信息的防窃听能力，保证不同用户设置不同的用户名，保证审计功能可行。

（2）网络安全：各级系统应配置必要的网络安全设备，建立安全的访问路径，具备充足的业务处理能力，保证信息跨网安全传输严格按照规划划分网段和网络地址；与外部系统之间采用可靠的技术隔离手段；支持对网络运行状况、网络流量、用户行为等进行安全审计；能够监视防范端口扫描、强力攻击、木马后门攻击等攻击行为。

（3）数据安全：必须保证敏感和重要数据的安全，必要时应选择对这部分数据进行加密处理，应根据不同数据的重要程度，制订对应的数据备份、恢复、冗余、读取、写入、更新、修改和删除的不同安全策略，保证每个业务应用数据的安全性。

（4）应用安全：应对平台的不同用户进行分类，按照不同的身份类别进行标识，并根据身份标识的结果授予用户不同的应用权限，用户权限授予时应符合最小权限的原则，即保证最小化的访问颗粒度，被访问对象应具体到文件、表、记录、字段和进程。此外，应该在不同的层面，具体在网络设备、基础操作系统及相关硬件设备、数据库系统和智能运维平台本身设置日志进行记录，支持重要用户行为的安全事项审计。

（5）边界安全：明确系统边界，制订边界安全方案；采用可靠的、符合国家相关规定的软硬件产品；自行软件开发环境应与实际应用系统分开；外包软件开发应用应深度测试，避免恶意代码和后门隐蔽信道。

本书中的安防系统主要指工作人员的安防和防止非法人员的入侵，因此本书中的安防系统通常包含视频监控及巡查系统、门禁系统、周界报警系统等。

8.7.1　视频监控巡查系统

在系统中，在视频监控模块得到调取指令时，点击相应的监控摄像机即可弹出相应区域的视频画面。

监控摄像机定位：在建筑三维空间模型中显示视频探头的具体位置信息，点击选取需要查看的监控摄像机即可显示现场视频，监控画面一目了然。

与门禁系统的联动：在系统中对门禁系统进行操作时，根据需要可以调取关联监控摄像机对现场情况进行查看，以便确认对门禁开启或关闭的操作。

与周界报警系统的联动：当周界报警系统在某区域发生报警时，关联现场附近摄像探头即可调取现场画面，管理人员根据现场情况做出进一步判断处理。

与烟感报警的联动：一旦发生紧急报警，如接收到火灾报警信息时，同样可以与视频联动，调取现场视频画面，方便管理人员对现场问题状况做合理的判断和处理，如图 8-24 所示。

图 8-24　视频监控总览

8.7.2　应急管理系统

应急管理系统基于智能运维管理系统能够实现对突发事件（包含灾害）的预防、自动报警、应急联动、调度、处理，第一时间让建筑内的全部人员做好应急准备，减少了应急反应时间。

在应急管理中，当火灾、爆炸、坍塌等突发事件发生时，智能运维管理系统可以准确地确定发生的位置，自动调取事件周边监控视频，一键联动指挥、第一时间报告应急管理部门调度周边应急保障资源，并及时通知公众及管理人员，自动推出避开或撤离路线指引，快速响应和处置突发事件（如图 8-25）。

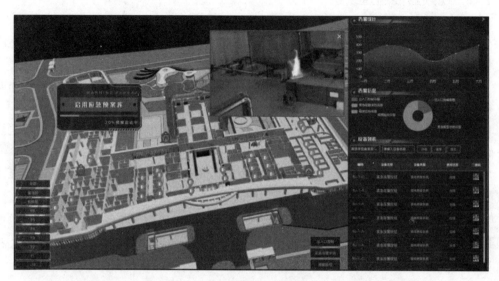

图 8-25　火灾预演应急联动

在应急管理中，BIM 运维管理框架与电梯内的视频监控进行联动，及时将电梯故障信息上报给电梯维修部门，以防止不会操作救援设施的弱势人群被长时间围困。对于水管爆裂事件，在基于 BIM 技术的运维管理框架中，系统监测到水管爆裂时会及时发出警告，管理人员可以在可视化模型中快速定位爆裂管道处最近的阀门位置，对事件及时进行处理。

8.7.3　门禁系统

门禁系统主要提供身份认证的安全保障，能够对用户进行身份标识和鉴别，能够对用户权限实施分级管理，每个出入口均设置门禁读卡器，通过读卡出入，对强行闯入进行报警。

门禁开启/关闭操作：在系统中，点击门禁管理模块，界面中显示操作按钮可远程操作门禁的开启和关闭，并且在建筑三维空间模型中显示门禁的开启和关闭状态。

门禁定位：针对建筑中不同区域的门禁系统，通过区域选择功能，可在建筑三维空间模型中显示不同区域门禁系统的具体位置信息，点击选取需要操作的门禁即可。

门禁与视频系统的联动：在 BIM 管理系统中对门禁系统操作时，可根据需要调取附近摄像探头对现场情况进行查看，对进出人员身份进行核实确认后操作门禁的开启，如图 8-26 所示。

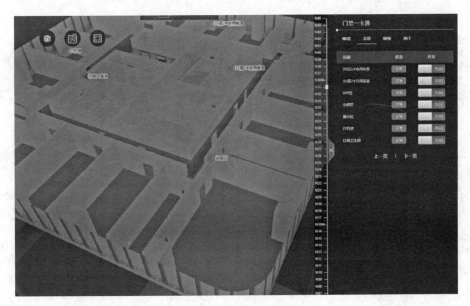

图 8-26　门禁系统管理

8.7.4　周界报警系统

周界报警系统的作用，一是保证工作人员的安全，二是保证受控区域应用安全。

（1）生产安全周界报警管理

在人员主要出入口、自然进风口、逃生口设置入侵报警装置。在统一的报警界面中，当探测到有人进入时，立即发出声光报警信号，并激活相应位置的摄像机进行视频监控。当发生周界侵入报警时，系统接收到报警信号后，会强制打断系统的所有操作，并调出报警界面。在界面中对报警周界进行定位，调用监控画面，并通知相应管理人员。系统会将报警位置进行高亮显示并闪烁，直至系统复位或报警解除，如图 8-27所示。

（2）受控区域入侵管理

第一，核心功能区受控区域入侵管理。核心功能区受控区域，例如整个区域中的能源中心、设备用房、物业管理办公室、中控室、核心机房、财务室等都是安防重点。一方面，通过这些区域安装的人脸识别 PAD 可以让授权的内部人员进入。另一方面，为了及时发现有人员企图非法闯入受控区域，对部署在这些区域的视频监控进行实时处理与分析，通过智能周界分析算法实时检测，判断是否有非授权人员闯入，一旦发现后实时预警，屏幕弹窗展示，也可以通过 API 接口推送到其他关联信息系统或移动端应用。

第二，智能运维平台权限入侵管理。智能运维平台按照不同的身份类别进行标识，并根据身份标识的结果授予用户不同的应用权限，用户权限授予时应符合最小权限的原则，即保证最小化的访问颗粒度，被访问对象应具体到文件、表、记录、字段和进程。此外，在不同的层面，例如网络设备、基础操作系统及相关硬件设备、数据库系统和智能运维平台本身设置日志进行记录，支持重要用户行为的安全事项审计。

图 8-27　周界报警

8.8　物业管理系统

8.8.1　建筑信息管理

智能运维需要建筑基本信息及建筑信息管理功能。历史的建筑信息主要通过交付的轻量化的建筑信息模型获得。建筑信息模型（BIM）是以三维数字技术为基础、集成了建筑工程项目各种相关信息的工程数据模型，是对工程项目设施实体与功能特性的数字化表达。

运维过程中的建筑信息主要通过建筑物联网获取。建筑物联网体系结构基本可以分为五层，自下而上分别是感知层、接入层、网络层、支撑层和应用层。其中感知层，包括各种各样的传感器或智能设备，传感技术能够与多种技术相结合，例如人工智能技术可以利用传感技术作为其"感觉器官"来获取外部信息等，其负责采集建筑的各种用电设备及环境信息，并通过传感网络将这些信息传递到接入层；接入层主要由物联网节点组成，主要用于协议转换及数据传输；处于中间的为网络层，负责实现建筑各物联网子网的互联互通，一般包括互联网、局域网、VPN（虚拟专用网络）等；支撑层由用于应用组织的应用服务器、用于数据存储的数据库服务器和用于通信处理的通信服务器构成；应用层负责与用户交互，用户可通过应用层直接监控建筑设备。无论住宅还是工业建筑，智能运维均需对建筑和设备的基本信息进行管理与查询。该功能主要通过应用层实现。各类功能主要涉及设备管理、维修及维保管理、停车场管理、门禁系统管理等。

8.8.2　设备管理

设备管理子系统主要包括设备台账、维修台账两大功能。其中，设备台账是对管廊内设备的名称、型号规格、购入日期、使用年限、折旧年限、资产编号、使用部门、使用状况、设备的更新和盘点、设备的运行状态统计等信息的统一管理。维修台账包括维修设备名称、编号、使用部门、故障原因、处理方法、更换的备件名称、维修人员信息等。

通过智能运维平台，运营维护单位可以在三维场景中漫游查看水泵、风机、监控、照明等设施设备。在可视化界面中，可通过直接点击相关设备或检索设备名称/型号/位置等方式查找指定设备信息，包括但不限于设备基础情况（名称、品牌、规格型号等）及其运行情况（正常与否、运行时长等）。监控人员也可通过点击关联标签，查看厂家信息、设备操作手册、设备维修维护情况、大中修情况等信息。同时，我们可以在三维场景中对建筑物内的各类管线开展空间占用情况查询。

8.8.3　维修及维保管理

（1）维修管理功能

智能运维技术融合移动互联网技术，在工程运维阶段的维修维保中起到了关键作用，维修组主要应用工作站软件进行故障确认、维修工单申报、设备维修方法查阅、材料领取、维修报告生成、设备资料档案调取等功能。具体管理的功能如下：

① 新增报修：支持用户在线填写设备相应的报修信息，如：报修时间、紧急程度、报修项目、故障情况描述、报修人、报修人联系方式、希望完成时间等，同时支持故障设备图片上传功能，点击提交后生成报修处理单，见图 8-28 所示。

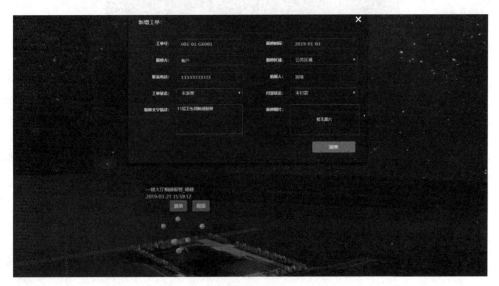

图 8-28　新增报修

② 订单未处理：管理人员安排维修，通过系统向维修人员 APP 派发工单。如果管理人员尚未安排维修，则进入未处理状态，如图 8-29 所示。

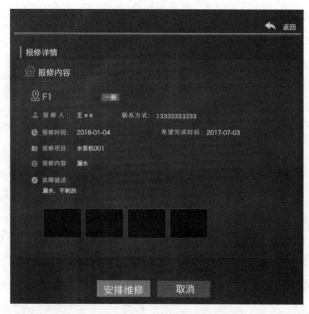

图 8-29　未处理状态

③ 订单待确认：维修人员需要通过 APP 确认工单，如果维修人员未能确认工单，则进入待确认状态。管理人员可通过系统向维修人员 APP 推送工单确认提醒信息，如图 8-30 所示。

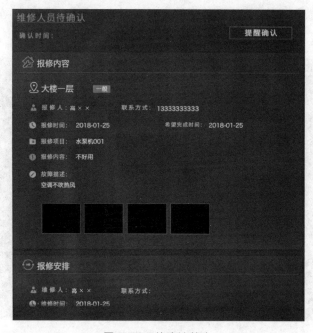

图 8-30　待确认状态

④ 工单生成：维修人员通过 APP 确认工单后，工单正式生产，进入维修流程。

⑤ 开始维修：用户可通过系统查看工单完成的实时状态，如图 8-31 所示。

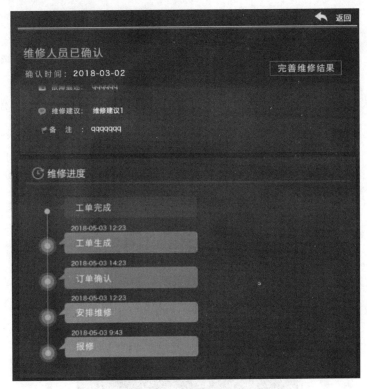

图 8-31　维修进度展示

⑥ 维修评价：管理人员可对维修人员的维修结果进行评价。

⑦ 维修历史：所有完成的工单都可以在维修历史记录中进行查询；系统提供多种条件查询方式供用户进行检索，如图 8-32 所示。

图 8-32　维修历史

（2）维保管理功能

支持管理人员通过手动录入记录设备的维护保养状况，调阅查看保养计划详情，并且给出相应设备下一次维护保养的日期到期提醒，确保设备保养服务及时完成。

维保计划管理：用户可通过系统制订维保计划，上传维保相关文档，将计划绑定到设备或区域内。同时，管理人员可进行新增维保计划的审批工作。所有的维保计划都可以通过维保记录模块进行查看，系统提供按照维保时间、位置、人员等多条件的查询检索功能。

近期维保：用户可通过日历形式查看近期的维保时间和维保项目，如图 8-33 所示。

图 8-33　维保看板

8.8.4　停车场管理

运维管理平台能够实现停车场系统的智能管理，该系统包括停车智能诱导、寻车导航指示、潮汐智能调度等功能模块，能够对停车场系统的设备（如值班岗亭、道闸、摄像头、诱导屏、停车位、微波探测仪）以及其他机电设备和出入办公室的闸机等，在GIS 地图上进行直观显示；同时还能直观显示这些设备、设施的实时状态，比如停车位的占用/空闲状态、诱导屏的显示内容、视频的实时监视图像等。考虑停车场管理系统的结构复杂性和高峰时段出入流量，对停车场进行基于 BIM 的实景三维建模，体现停车场各种设施、设备的实时状态，以方便调度和管理。

停车场管理专栏下设停车场信息列表和停车场信息添加、停车场物业信息列表和停车场物业信息添加、车位信息列表和车位信息添加 3 个子栏。在各个子栏中可对相应的列表进行信息查询、信息添加。通过车位信息管理，实时掌握停车场车位状况、车位费缴纳状况，实现车位空间最大化利用。

8.8.5　门禁系统管理

门禁系统对重要部位的出入口设置门禁控制，实现出入控制、实时监控、记录查询、异常报警等功能。门禁系统可以在普通的出入口采用道闸门禁系统及刷卡/人脸识别；在一些重要出入口可以采用磁力锁门禁系统及刷卡、指纹、密码等多种识别方式。

门禁系统采用多种门禁方式，主要区域采用生物识别＋门禁卡双重识别方式，一般区域采用生物识别方式，对使用者进行多级控制；同时对不同的区域和特定的门及通道进行进出管制。门禁系统能够实现远程管理、实时数据修改、安全密钥验证等功能。

实时监控功能：系统管理人员可通过微机实时查看每个门区人员的进出情况（计算机屏幕上可以立刻显出当前开启的门号、通过人员的卡号及姓名、读卡和通行是否成功等信息）、每个门区的状态（包括门的开关，各种非正常状态报警等）；也可以在紧急状态打开或关闭所有的门区。

权限管理：系统可针对不同的受控人员，设置不同的区域活动权限，将人员的活动范围限制在与权限相对应的区域内；对人员出入情况进行实时记录管理。

实现对指定区域分级、分时段的通行权限管理，限制外来人员随意进入受控区域，并根据管理人员的职位或工作性质确定其通行级别和允许通行的时段，有效防止内盗外盗。

系统充分考虑安全性，可设置一定数量的操作员并设置不同的密码，根据各受控区域的不同分配操作员的权限。

动态电子地图功能：以图形的形式显示门禁的状态，比如当前门是开门还是关门状态，或者是门长时间打开而产生的报警状态。此时管理人员可以透过这种直观的图示来监视当前各门的状态，或者对长时间没有关闭而产生的报警门进行现场察看。同时拥有权限的管理人员，在电子地图上可对各门点进行直接的开/闭控制。

出入记录查询功能：系统可实时显示、记录所有事件数据；读卡器读卡数据实时传送给计算机，可在管理中心电脑中立即显示；持卡人（姓名、照片等）、事件时间、门点地址、事件类型（进门刷卡记录、出门刷卡记录、按钮开门、无效卡读卡、开门超时、强行开门等）等如实记录且记录不可更改。报警事件发生时，计算机屏幕上会弹出醒目的报警提示框。系统可储存所有的进出记录、状态记录，可按不同的查询条件查询，并生成相应的报表。

胁迫码功能：支持防胁迫密码输入功能（需采用带键盘式读卡器）。当管理人员被劫持入门时，可读卡后输入约定胁迫码进门，在入侵者不知情的情况下，中心将能及时接收此胁迫信息并启动应急处理机制，切实保障该人员及受控区域的安全。

强制关门功能：如管理员发现某个入侵者在某个区域活动，管理员可以通过软件，强行关闭该区域的所有门，使得入侵者无法通过偷来的卡刷卡或者按开门按钮来逃离该区域，并通知保安人员赶到该区域予以拦截。

异常报警功能：系统具有图形化电子地图，可实时反映门的开关状态。在异常情况下可以实现微机报警或报警器报警，如非法侵入、门超时未关等。

消防报警功能：系统可与火灾自动报警系统联动。如发生火警时，保证自动释放相关区域通道的出入口控制，使内部人员及时外逃且消防人员可以顺利进入实施灭火救援。

与视频监控联动：门禁系统中最大的安全隐患是非法人员盗用合法卡作案。传统的门禁系统和视频监控系统都无法解决这个问题。因此，为了防止有人盗用他人合法卡作案，保证刷卡记录的真实性，系统要求每次刷卡都能联动视频抓拍下刷卡人照片或保存下刷卡时的录像资料。

集成功能：系统具有开放型结构，便于扩展和联网。门禁系统可提供 OPC、ODBC 等接口，以实现与其他系统的集成。

支持脱机工作：控制器可脱机（与管理主机失去联系）工作，并且不影响进出门；当门禁与管理中心重新建立通信时，控制器能实时上传事件信息。

系统运行模式：具备在线、离线和灾害三种模式，分别对应于正常工作、通信网络故障和灾害三种状况。

思考题

1. 智能运维管控平台在智能运维中的作用是什么？请举例说明智能运维管控平台的应用场景及其价值。

2. 请简述建筑环境监控系统的功能，并说明其在智能建筑中的作用。

3. 建筑设备管理系统中包含哪些子系统？它们各自的功能是什么？请举例说明其在智能建筑中的应用价值。

4. 生产设备管理系统在智能建筑中的作用是什么？请简述其与建筑设备管理系统的关系。

5. 请简述建筑能源资源管理系统的功能，并分析其在节能减排方面的作用。

6. 安防管理系统在智能建筑中的作用是什么？请简述其构成和关键技术。

7. 请简述物业管理系统在智能建筑中的作用，并分析其对提高物业管理效率和提升住户满意度的影响。

8. 请简述智能运维全寿命周期的概念，并分析各关键子系统在全寿命周期中的作用和相互关系。

参考文献

[1] 刘文峰，廖维张，胡昌斌. 智能建造概论 [M]. 北京：北京大学出版社，2020.

[2] 汪明，谢浩田，逯广浩，等. 建筑运维智慧管控平台设计与实现 [M]. 北京：北京大学出版社，2022.

[3] 蒲云辉，王清远，吴启红，等. 碳达峰碳中和目标背景下建筑业高质量发展的路径 [J]. 成都大学学报（自然科学版），2022，41（02）：202-206，224.

[4] 许馨尹，吴征天，付保川. 驱动智慧建筑创新应用的关键技术 [J]. 建筑电气，2019，38（10）：57-61.

［5］　袁海天．装配式建筑智慧建造应用研究［J］．智能建筑与智慧城市，2021（12）：103-104.

［6］　郑凯，钟时，王国明，等．西门子综合管廊智慧化运维管理系统［J］．现代建筑电气，2018，9（05）：69-72.

［7］　朱洪顺．基于 BIM 技术的建筑运维管理框架设计及功能价值分析［D］．成都：西华大学．2021.

［8］　吕钟灵．智能建筑暖通空调系统能源管理平台研究［J］．智能建筑，2021（01）：72-76.

［9］　周培德．超高层建筑中智能消防系统的应用［J］．今日消防，2023，8（04）：109-111.

［10］　毋毅．面向智慧楼宇的安防可视化管理系统的研究与设计［J］．信息与电脑（理论版），2023，35（02）：166-169.

［11］　张建平，郭杰，王盛卫，等．基于 IFC 标准和建筑设备集成的智能物业管理系统［J］．清华大学学报（自然科学版），2008（06）：940-942，946.